基坑补偿装配式十字型钢支撑体系
理论·设计·实践

亓立刚　马明磊　孙　旻　等著

中国建筑工业出版社

图书在版编目（CIP）数据

基坑补偿装配式 H 型钢支撑体系理论·设计·实践/
亓立刚等著.—北京：中国建筑工业出版社，2022.11
ISBN 978-7-112-27898-5

Ⅰ.①基… Ⅱ.①亓… Ⅲ.①基坑工程－装配式构件
－型钢－支撑－研究 Ⅳ.①TU472

中国版本图书馆 CIP 数据核字（2022）第 166608 号

随着城市地下空间开发规模地不断扩大，每年全国基坑施工的面积和数量都在不断增加。我国南方软土地区，基坑往往需要设置内支撑。按支撑材料可分为混凝土支撑和钢支撑两类。混凝土支撑体系具有承载力大、安全度高、施工技术简单的优点。但地下空间结构完成过程中需进行拆除，产生建筑垃圾，对环境造成破坏。基坑钢内支撑有自重轻、可重复利用、安装后能立即发挥支撑作用等优点。本书主要介绍了可在大基坑中应用的一种新型体系，称为基坑补偿装配式 H 型钢结构内支撑体系。

责任编辑：曹丹丹
文字编辑：王　治
责任校对：张　颖

基坑补偿装配式 H 型钢支撑体系理论·设计·实践
亓立刚　马明磊　孙　旻　等著
*
中国建筑工业出版社出版、发行（北京海淀三里河路 9 号）
各地新华书店、建筑书店经销
北京龙达新润科技有限公司制版
北京建筑工业印刷厂印刷
*
开本：787 毫米×1092 毫米　1/16　印张：14¾　字数：357 千字
2022 年 12 月第一版　　2022 年 12 月第一次印刷
定价：**75.00** 元
ISBN 978-7-112-27898-5
（39946）

前　言

　　随着城市建设的快速发展，我国各大城市地下空间开发利用进入大规模发展阶段，基坑工程数量不断增加，基坑面积亦达到几万乃至几十万平方米。在软土地区，为保证地下结构施工及周边环境的安全，往往需要在基坑内部设置支撑体系进行基坑围护变形控制，目前应用最广泛的当属混凝土支撑体系。众所周知，混凝土支撑在基坑开挖和地下空间结构施工过程中需进行施工、养护和拆除，存在工期长、产生大量废弃混凝土、污染环境等问题。

　　相比混凝土内支撑体系，钢支撑体系具有以下几个方面的优势：（1）自重轻，安装和拆除方便，无需养护和凿除，施工速度快；（2）可以重复利用，不产生建筑垃圾；（3）安装后能立即发挥支撑刚度，可以减小由于时间效应引起的基坑变形；（4）可通过千斤顶施加和调节预加轴力，主动控制基坑变形。但传统钢支撑体系又存在焊接工作量大、施工水平低、精度差、不施加预应力或预应力容易损失等问题，导致基坑变形控制难度大、已发生较大变形等缺点，应用范围受到限制。

　　同时，现阶段我国钢支撑设计主要需遵循《建筑基坑支护技术规程》JGJ 120及《钢结构设计标准》GB 50017的相关规定。现有钢支撑设计理论未考虑托梁刚度、接头半刚性、组合体系对支撑稳定性的影响，也未给出温度、立柱隆起、施工误差对钢支撑内力的影响。

　　因此，基于上述问题，为贯彻"双碳"战略，实现基坑工程绿色建造目标，解决现有支撑体系诸多问题，中国建筑第八工程局有限公司研发了基坑补偿装配式H型钢支撑体系。体系由定型H型钢支撑、钢围檩、连杆、千斤顶、立柱、托梁等组成，并具有如下特点：

　　（1）模数化：采用模数化H型钢支撑构件，构件连接、组合及安装便利，支撑可以任意组合，拼装形成八字撑、双拼、三拼等形式，组成平面桁架支撑体系。

　　（2）装配式：钢支撑主要构件（支撑、围檩）均在工厂内加工成型后运送至施工现场，采用全螺栓进行装配连接，施工速度快，施工精度高，低碳环保。

　　（3）钢支撑轴力自动补偿：千斤顶永久设置于钢支撑上，采用自动补偿装置，预加轴力系统可随时复加轴力，减少预加轴力损失，实现支撑实时补偿、卸载轴力。

　　目前，基坑补偿装配式H型钢支撑体系因其施工高效、绿色低碳、高周转以及造价低等方面的优势，已经在30余个基坑工程中成功应用，取得了很好的变形控制、节约施工工期及降低施工成本的效果，同时大大减少了基坑支撑产生的废弃混凝土，更具有推广和应用价值。

　　本书在中国建筑第八工程局有限公司基坑补偿装配式H型钢支撑体系研究成果和项目落地应用基础上完成，书中介绍了托梁刚度、半刚性连接节点、立柱隆起、温度荷载、施工误差等对钢支撑内力等方面的影响，以及其设计方法、制作加工精度要求、施工技术、内力监测等方面的内容，并介绍了四个典型案例。

本书的完成，得到中国建筑工业出版社的热情帮助，在此表示衷心的感谢！

参与本书编写的人员有：亢立刚、孙旻、马明磊、韩磊、王国欣、王俊伕、陈新喜、程建军、方兴杰、冉岸绿、袁青云、陈华。

在本书的编写过程中，作者力求完美，但由于水平有限，书中难免存在不足之处，敬请广大同仁和读者批评指正。

目　录

第 1 章

概论

1.1　国内外基坑内支撑概况

国外由于对建筑垃圾排放的要求较严格,基本采用钢支撑体系,其中比较具有代表性的是日本,日本从 20 世纪 50 年代开始应用钢支撑,至今已有 60 年使用经验,日本钢支撑现为预制 H 型钢支撑,并可通过手动千斤顶施加支撑预加轴力,图 1.1-1 为日本钢支撑体系。

图 1.1-1　日本钢支撑体系

我国钢支撑的应用经历了两个阶段。第一阶段从 20 世纪 80 年代开始,已有建筑基坑尝试采用钢结构内支撑体系。图 1.1-2 为早期钢支撑体系,当时的钢结构内支撑体系有以下特点:

(1)支撑现场焊接

钢支撑大多采用现场焊接连接,现场焊接对焊接工人技术水平要求很高,一般工程难

1

图 1.1-2　早期钢支撑体系

以做到。由于焊接质量问题导致基坑节点破坏，采用钢支撑基坑出过多起事故，这也是我国基坑工程钢支撑体系被混凝土支撑体系所取代的重要原因。

（2）双向支撑相交处采用固定接头

大多数钢支撑横纵方向均位于同一高度，交叉处采用固定连接。这导致两个方向钢支撑受力相互影响，使得钢支撑体系受力复杂，计算分析难以模拟，是导致一些钢支撑基坑工程事故的次要原因。

（3）钢支撑规格众多

当时钢支撑规格众多，有的采用 $\phi609$ 圆钢管，有的采用 H 型钢。钢支撑规格不统一，没有定型产品可供设计选择，使得每个基坑设计方都不得不自行选择支撑、围檩等构件截面，这也造成基坑构件无法重复利用的局面，大大提高了基坑钢支撑的使用价格，使其难以推广。

（4）无预加轴力

由于当时国内钢支撑体系刚刚引入，设计及施工经验缺乏，基坑钢支撑甚至不施加预加轴力，造成当时采用钢支撑的基坑变形普遍较大，对周边环境影响很大，也给人们一种钢支撑体系刚度较小，对周边环境保护能力差的错觉。

进入 21 世纪，我国钢支撑应用进入第二阶段。该阶段钢支撑已经退出了民用建筑深大基坑领域，转而作为地下通道、下立交及地铁车站等狭长形基坑的内支撑体系，其特点有：

（1）支撑采用拼装式

钢支撑大多采用现场螺栓连接，安装方便，现场焊接工作较少，保证安装质量。

（2）支撑单向设置

钢支撑仅在狭长形基坑短向设置，支撑长度一般不超过 40m。

（3）采用 $\phi609$ 圆管支撑

钢支撑基本统一为 $\phi609$ 圆管支撑。

（4）手动预加轴力结合轴力自动补偿系统

经过多年的经验积累，对于钢支撑预加轴力施工已经形成了较为一致的认识：一般周边环境下，钢支撑需预加轴力以控制基坑变形，随着施工过程对于损失的预加轴力需进行复加。基坑周边环境如地铁、历史保护建筑或者重要管线等，对于变形较为敏感，则可采用钢支撑轴力自动补偿系统对钢支撑轴力进行控制。

除此以外，目前应用的还有预应力鱼腹梁装配式钢支撑体系（简称 IPS）和基坑大跨度钢支撑体系。图 1.1-3 为预应力鱼腹梁装配式钢支撑体系，图 1.1-4 为基坑大跨度钢支撑体系，这两种体系可应用于大型民用建筑基坑，但市场保有量较少。这两种体系自身存在若干缺陷，尤其是鱼腹梁支撑体系自应用以来事故不断，影响了该技术的进一步推广。

图 1.1-3　预应力鱼腹梁装配式钢支撑体系（简称 IPS）

图 1.1-4　基坑大跨度钢支撑体系

1.2　国内外钢支撑体系设计方法

钢支撑在世界各地的基坑工程中都有应用。其中日本的钢支撑设计较有代表性。日本钢支撑设计依据日本道路协会编制的《道路土工临时建筑物工程指南》，设计采用容许应力法。在日本的钢支撑设计时，先通过基坑开挖分析软件模拟支撑开挖顺序，得到支撑每延米轴力。接着通过对基坑钢支撑体系的分析，利用规范提供的图表确定各根钢支撑的荷载分布范围及该钢支撑构件的计算长度，应用柱子压弯公式对各个钢支撑构件的强度及稳定性进行逐一分析。钢支撑的轴力需考虑土压力及温度造成的轴力增加，弯矩只考虑因为支撑自重和活载而产生的弯矩，并未考虑基坑开挖立柱隆起造成的支撑弯矩，也忽略了支撑轴力在支撑施工误差上产生的二次弯矩。

现阶段我国钢支撑主要应用于明挖地铁车站、地下隧道及综合管廊基坑的 $\phi 609$ 钢管支撑。其设计主要遵循国家现行标准《建筑基坑支护技术规程》JGJ 120—2012 及《钢结构设计标准》GB 50017—2017 的相关规定。

《建筑基坑支护技术规程》JGJ 120—2012 提出在温度改变引起的支撑结构内力不可忽略不计时，应考虑温度应力，对于温度应力的数值，规范认为超过 40m 长钢支撑，应考虑 10%～20% 轴力的温度应力。但在实践中 10%～20% 轴力的温度应力变化范围过大，且缺乏理论依据。

《建筑基坑支护技术规程》JGJ 120—2012 还提出当支撑立柱下沉或隆起量较大时，应考虑立柱与挡土构件之间差异沉降产生的作用。但规范并没有明确如何界定"下沉或隆起量较大"及如何计算差异沉降产生的作用。

对于施工偏心误差，《建筑基坑支护技术规程》JGJ 120—2012 提出偏心距不宜小于支撑计算长度的 1/1000，对钢支撑不宜小于 40mm。该项规定针对支撑跨中偏心距，对于施工精度不高的传统钢支撑是合适的。但对于新型 H 型钢支撑体系，40mm 偏心误差过大。根据施工经验，新型 H 型钢支撑可以将偏心距控制在 1/500 以内。

国内钢支撑设计方法，主要应用于采用 $\phi 609$ 钢管支撑的地铁车站等狭长型基坑。由于这些基坑的钢支撑一般作为对撑独立设置，不形成桁架体系。因此，其设计方法与国外基本一致。即先通过基坑开挖分析软件模拟支撑开挖顺序，得到支撑每延米轴力。接着根据支撑轴力和计算长度验算单根支撑稳定性。这种方法对于简单的狭长型基坑是基本适用的，但对于复杂基坑则力不从心。

第2章

基坑补偿装配式 H 型钢结构内支撑力学特性分析

2.1 概述

基坑补偿装配式 H 型钢结构内支撑（以下简称新型 H 型钢支撑）属于一类特殊的钢结构，它与传统的 H 型钢结构构件的共同点在于除了考虑构件自身的强度要求外，还需要考虑构件的稳定性，而且稳定性往往是构件承载能力的控制因素。但是，它作为基坑的支撑构件，又有着自身很强的特殊性：（1）支撑构件支承于钢立柱及钢托梁之上，支承刚度对构件稳定性有重要影响；（2）考虑到施工的便捷性和支撑构件的临时性，支撑构件连接采用节点板形式，连接节点无法做到传统钢结构所要求的等强连接；（3）新型 H 型钢支撑所采用的结构体系不同于传统建筑钢结构体系，难以采用传统设计方法分析；（4）新型 H 型钢支撑作为深基坑的内支撑，基坑开挖造成的立柱隆起、温差变化、施工误差等因素都会对新型 H 型钢支撑的承载力造成影响。现阶段我国主要采用 $\phi 609$ 钢管支撑，钢支撑的力学特性分析研究也仅仅停留在立柱隆起和施工误差对地铁车站两跨钢支撑造成的影响，对于超过 3 跨的超长钢支撑，支承刚度、节点半刚性、支撑体系和基坑开挖影响因素（立柱隆起、温差变化、施工误差）等领域均未开展相应研究。本章将从以下七个方面对超长钢支撑的力学特性进行分析介绍。

（1）托梁刚度对钢支撑计算长度的影响。

（2）构件半刚性连接节点对钢支撑计算长度的影响。

（3）钢支撑组合体系力学特性。

（4）基坑开挖造成的立柱隆起对超长钢支撑的影响。

（5）温差变化对超长钢支撑的影响。

（6）施工误差对超长钢支撑的影响。

（7）轴力补偿对超长多跨钢支撑力学特性的影响。

5

2.2 模型简化

典型的新型 H 型钢支撑布置如图 2.2-1 所示。新型 H 型钢支撑两端与钢围檩相连接，搁置于钢托梁上，并通过构造措施保证钢支撑可以沿支撑轴向滑动，限制竖向和水平移动。钢托梁两端与钢立柱水平连接，可以看作支撑的竖向和水平向的弹性支座。新型 H 型钢支撑的力学模型可以简化为图 2.2-2（竖向平面）、图 2.2-3（水平向）。

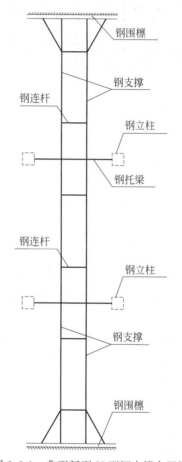

图 2.2-1 典型新型 H 型钢支撑布置图

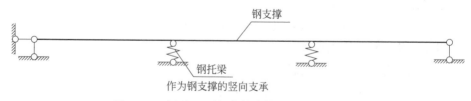

图 2.2-2 新型 H 型钢支撑计算模型（竖向平面）

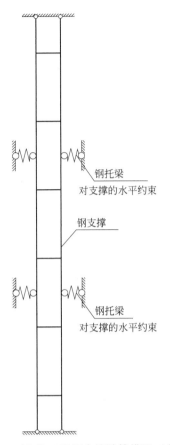

图 2.2-3　新型 H 型钢支撑计算模型（水平向）

2.3　托梁刚度对钢支撑计算长度的影响

钢托梁作为钢支撑的弹性支撑，其刚度对钢支撑的稳定性有较大影响，如果托梁刚度较小，起的作用不大，无法减小支撑计算长度，达到提高支撑极限承载力的目的。以两跨支撑为例，如托梁刚度不足，屈曲时支撑变形曲线如图 2.3-1 所示，钢支撑计算长度超过单跨钢支撑，其极限承载力小于单跨钢支撑极限承载力。当托梁刚度足够时，变形曲线为一个全波长，如图 2.3-2 所示，此时钢支撑计算长度取单跨钢支撑跨度。对于多跨钢支撑，如图 2.3-3 所示，屈曲时变形曲线需形成以支座为拐点的"波浪形"，才能保证钢支撑的计算长度等同于单跨钢支撑跨度。

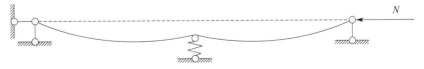

图 2.3-1　钢支撑失稳曲线（托梁刚度不足）

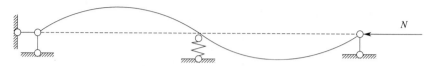

图 2.3-2 钢支撑失稳曲线（托梁刚度足够）

图 2.3-3 多跨钢支撑失稳曲线（托梁刚度足够）

2.3.1 托梁刚度对两跨钢支撑计算长度的影响

托梁刚度对两跨钢支撑的分析模型取图 2.3-4 的计算简图，设弹簧刚度为 K，支座有微伸长量 f，支撑抗弯刚度为 EI，假设钢支撑无几何缺陷。

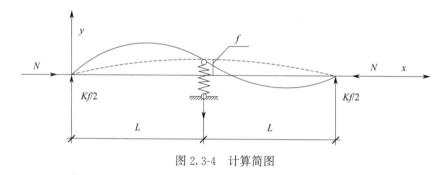

图 2.3-4 计算简图

则钢支撑平衡微分方程如下：

$$0 \leqslant x \leqslant L, EIy'' + Ny' - \frac{Kf}{2}x = 0$$

$$L \leqslant x \leqslant 2L, EIy'' + Ny' - \frac{Kf}{2}(2L - x) = 0$$

令 $k^2 = \dfrac{N}{EI}$，则有：

$$0 \leqslant x \leqslant L, y'' + k^2y' - \frac{Kf}{2EI}x = 0$$

$$L \leqslant x \leqslant 2L, y'' + k^2y' - \frac{Kf}{2EI}(2L - x) = 0$$

方程的通解为：

$$0 \leqslant x \leqslant L, y = C_1 \sin kx + C_2 \cos kx + \frac{Kf}{2N}x$$

$$L \leqslant x \leqslant 2L, y = C_3 \sin kx + C_4 \cos kx + \frac{Kf}{2N}(2L - x)$$

根据边界条件 $y|_{x=0} = 0$，得到 $C_2 = 0$，

再根据 $y|_{x=L}=f$ 及 $x=L$ 处的连续条件可以得到：

$$\begin{cases} C_1\sin kL + \dfrac{Kf}{2N}L = f \\[2mm] C_3\sin kL + C_4\cos kL + \dfrac{Kf}{2N}L = f \\[2mm] C_3 k\cos kL - C_4 k\cos kL - \dfrac{Kf}{2N} = C_1 k\cos kL + \dfrac{Kf}{2N} \\[2mm] C_3 k\sin 2kL + C_4\cos 2kL = 0 \end{cases}$$

上述方程组联立，由第一式解得：

$$C_1 = f\left(1-\frac{KL}{2N}\right)\frac{1}{\sin kL}$$

把 C_1 代入其余三个方程可得：

$$C_3\sin kL + C_4\cos kL + f\left(\frac{KL}{2N}-1\right)=0$$

$$C_3 k\cos kL - C_4 k\cos kL - f\left[\frac{K}{N}+k\left(1-\frac{KL}{2N}\right)\cot kL\right]=0$$

$$C_3 k\sin 2kL + C_4\cos 2kL = 0$$

为保证 C_3、C_4、f 有非零解，则行列式：

$$\begin{vmatrix} \sin kL & \cos kL & \dfrac{KL}{2N}-1 \\[3mm] k\cos kL & -k\sin kL & -\left[\dfrac{K}{N}+k\left(1-\dfrac{KL}{2N}\right)\cot kL\right] \\[3mm] \sin 2kL & \cos 2kL & 0 \end{vmatrix}=0$$

解得：

$$\sin kL\left[2kL\left(1-\frac{KL}{2N}\right)\cot kL - \frac{KL}{N}\right]=0$$

令 $\alpha=\dfrac{KL}{2N}$，可得：

$$\sin kL\left[2kL(1-\alpha)\cot kL - 2\alpha\right]=0$$

最大支撑力为 $\sin kL=0$ 及 $kL\cot kL=\dfrac{\alpha}{1-\alpha}$，求得 N 的最小值。

当两跨钢支撑计算长度等于单跨跨度时，变形曲线须形成一个全波，即要求 $kL=\pi$，则 $\alpha=1$，即 $K=\dfrac{2N_{cr}}{L}$，N_{cr} 为极限轴力值。

考虑到　　　　　　　　$0\leqslant x\leqslant L$，$y=C_1\sin kx+\dfrac{Kf}{2N}x$，

则　　　　　　　　　　$0\leqslant x\leqslant L$，$y''=-k^2 C_1\sin kx$。

支撑在 $x=L$ 时的弯矩 $M=-EIy''=-EIk^2 C_1\sin kL$。

由于 $kL=\pi$，则弯矩 $M=-EIk^2 C_1\sin kL=-EIk^2 C_1\sin\pi=0$。

则表明对于无缺陷支撑构件，中点支撑处支撑弯矩为零，该点是构件反弯点。利用该结论并对中点取力矩：

$$Nf-KfL/2=0$$

得到 $K=\dfrac{2N}{L}$。

2.3.2 托梁刚度对多跨钢支撑计算长度的影响

应用前述弯矩法，可以得到屈曲时达到"波浪形"变形曲线的多跨无缺陷钢支撑所需的托梁刚度。但需要注意的是，多跨钢支撑支座处微位移量存在多种可能状况，这些状况将对多跨支撑计算长度产生影响。

以三跨支撑为例，屈曲时钢支撑支座处微位移量存在以下可能。

（1）位移在一侧

图 2.3-5 为屈曲时钢支撑支座处位移在一侧。

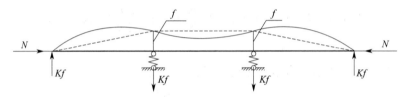

图 2.3-5　屈曲时钢支撑支座处位移在一侧

对支座处取矩，有：

$$Nf-KfL=0$$

则：

$$K=\frac{N}{L}$$

（2）位移在两侧

图 2.3-6 为屈曲时钢支撑支座处位移在两侧。

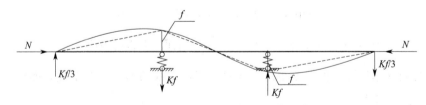

图 2.3-6　屈曲时钢支撑支座处位移在两侧

对支座处取矩，有：

$$Nf-KfL/3=0$$

则：

$$K=\frac{3N}{L}$$

由两种情况可知最不利情况下，屈曲时支座位移分布在支撑两侧，所需的支座刚度 $K = \dfrac{3N}{L}$。

对于多跨钢支撑，可以得到弹簧支座刚度通解如下：

$$K = \frac{EI}{L^3} \pi^4 \chi_j$$

$$\chi_j = a(u) \left[\frac{\cos \dfrac{j\pi}{n} - \cos 2u}{\cos \dfrac{j\pi}{n} + b(u)} \right] \left(1 - \cos \frac{j\pi}{n} \right)$$

$$a(u) = \frac{16u^3}{\pi^4} \frac{1}{(2u - \sin 2u)}$$

$$b(u) = \frac{\sin 2u - 2u \cos 2u}{2u - \sin 2u}$$

其中 $u = \dfrac{kl}{2}$，n 为跨数，j 为在 1 与 $n-1$ 之间的任意整数（$1 \leqslant j \leqslant n-1$）。

当 $kl = \pi$，则有：

$$a(u) = \frac{2}{\pi^2}$$

$$b(u) = 1$$

$$\chi_j = \frac{2}{\pi^2} \frac{\cos \dfrac{j\pi}{n} - (-1)}{\cos \dfrac{j\pi}{n} + 1} \left(1 - \cos \frac{j\pi}{n} \right) = \frac{2}{\pi^2} \left(1 - \cos \frac{j\pi}{n} \right)$$

即 $K = \dfrac{2\pi^2 EI}{L^3} \left(1 - \cos \dfrac{j\pi}{n} \right)$

已知 $1 \leqslant j \leqslant n-1$，当 $j = n-1$ 时，刚度 K 有最大值：

$$K = \frac{2\pi^2 EI}{L^3} \left[1 - \cos \frac{(n-1)\pi}{n} \right] = \frac{2\pi^2 EI}{L^3} \left[1 + \cos \frac{\pi}{n} \right]$$

令弹簧刚度系数 $\alpha = 2 \left[1 + \cos \dfrac{\pi}{n} \right]$，

弹簧刚度：

$$K = \frac{\alpha \pi^2 EI}{L^3}$$

对于 2~20 跨的钢支撑，弹簧刚度系数 α 与跨数 n 关系如图 2.3-7 所示，由图 2.3-7 中看出，当跨数 n 大于 7 跨时，α 介于 3.8 与 4.0 之间。

因此，弹簧刚度 $K = \dfrac{\alpha \pi^2 EI}{L^3} = \dfrac{4N_{cr}}{L}$

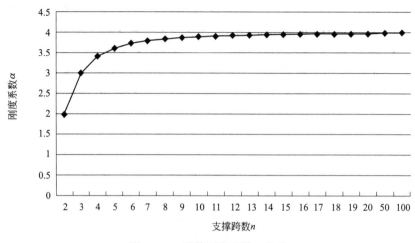

图 2.3-7 弹簧刚度系数 α 曲线

2.4 构件半刚性连接节点对钢支撑计算长度的影响

对于拼装式钢支撑，支撑节段之间采用连接板及螺栓进行连接。这种连接方式施工速度快，在现场也能达到较好的安装质量，但与工厂焊接接头比，这种接头无法达到原材 100%刚性，其半刚性的特点必然对钢支撑的计算长度造成影响。

2.4.1 接头半刚性时支撑的计算长度公式

2.3 节已经分析过，当支撑弹性支承刚度达到一定程度后，多跨钢支撑的计算长度等同于单跨钢支撑计算长度。现讨论在支撑弹性支承刚度满足要求的条件下，单跨支撑内有一个半刚性连接节点对支撑计算长度的影响。

计算简图见图 2.4-1，设节点半刚性刚度为 R_s，支撑抗弯刚度为 EI，图 2.4-2 为半刚性节点。

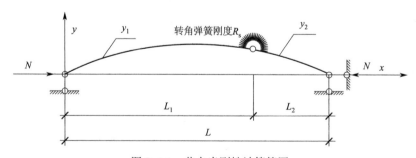

图 2.4-1 节点半刚性计算简图

则钢支撑平衡微分方程如下：

$$0 \leqslant x \leqslant L_1, EIy_1'' + Ny_1' = 0$$
$$L_1 \leqslant x \leqslant L, EIy_2'' + Ny_2' = 0$$

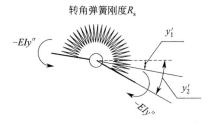

图 2.4-2　半刚性节点

令 $k^2=\dfrac{N}{EI}$ 则有：

$$0\leqslant x\leqslant L_1,\ y_1''+k^2 y_1'=0$$
$$L_1\leqslant x\leqslant L,\ y_2''+k^2 y_2'=0$$

方程的通解为：

$$0\leqslant x\leqslant L_1,\ y_1=C_1\sin kx+C_2\cos kx$$
$$L_1\leqslant x\leqslant L,\ y_2=C_3\sin kx+C_4\cos kx$$

根据边界条件 $y_1|_{x=0}=0$，得到 $C_2=0$，

再根据边界条件：$y_2|_{x=L}=0$

节点连续条件：$x=L_1$ 时，有 $y_1|_{x=L_1}=y_2|_{x=L_1}$

对于半刚性节点，该点处方程为：

$$-EIy_1''|_{x=L_1}=-EIy_2''|_{x=L_1}=R_s\cdot(y_1'-y_2')|_{x=L_1}$$

由以上条件得到：

$$\begin{cases} C_3\sin kL+C_4\cos kL=0 \\ C_3\sin kL_1+C_4\cos kL_1=C_1\sin kL_1 \\ R_s[C_1k\cos kL_1-(C_3k\cos kL_1-C_4k\sin kL_1)]=C_1EIk^2\sin kL_1 \end{cases}$$

整理得到：

$$\begin{cases} C_3\sin kL+C_4\cos kL=0 \\ C_1\sin kL_1-C_3\sin kL_1-C_4\cos kL_1=0 \\ C_1\left(k\cos kL_1-\dfrac{EIk^2}{R_s}\sin kL_1\right)-C_3k\cos kL_1+C_4k\sin kL_1=0 \end{cases}$$

为保证 C_1、C_3、C_4 有非零解，则行列式：

$$\begin{vmatrix} 0 & \sin kL & \cos kL \\ \sin kL_1 & -\sin kL_1 & -\cos kL_1 \\ k\cos kL_1-\dfrac{EIk^2}{R_s}\sin kL_1 & -k\cos kL_1 & k\sin kL_1 \end{vmatrix}=0$$

得到

$$\frac{EIk}{R_s}\sin kL_1\sin kL_2-\sin kL=0$$

令 $R_s=m\dfrac{EI}{L}$，$L_1=\alpha L$，$L_2=(1-\alpha)L$

得到：

$$\frac{kL}{m}\sin\alpha kL\sin(1-\alpha)kL-\sin kL=0$$

由于 $\sin\alpha kL\sin(1-\alpha)kL\neq0$

有

$$\frac{\sin kL}{\sin\alpha kL \sin(1-\alpha)kL} = \frac{kL}{m}$$

$$\cot\alpha kL + \cot(1-\alpha)kL = \frac{kL}{m}$$

做进一步变换，有：

$$\frac{1}{\dfrac{1}{\mathrm{tg}\alpha kL} + \dfrac{1}{\mathrm{tg}(1-\alpha)kL}} = \frac{m}{kL}$$

对于接头刚度等于 ∞ 时，有 $\sin kL = 0$ 即 $kL = \pi$

有 $P = \dfrac{\pi^2 EI}{L}$，对应于两端铰接的压杆稳定公式。

2.4.2 接头半刚性对支撑计算长度的影响

根据不同的 α 和 m 值求解 2.4.1 节得到的超越方程可以得到不同接头位置、不同接头刚度时单跨钢支撑的计算长度。计算结果见表 2.4-1 及图 2.4-3 计算长度随 m 值变化曲线。

计算长度表

表 2.4-1

$\diagdown$ α m	0.1	0.2	0.3	0.4	0.5
0.1	3.032	4.041	4.629	4.948	5.050
0.3	1.820	2.414	2.761	2.950	3.010
0.5	1.475	1.475	2.208	2.357	2.405
1	1.188	1.188	1.683	1.791	1.826
2	1.070	1.070	1.359	1.434	1.459
3	1.041	1.041	1.239	1.298	1.317
4	1.029	1.029	1.178	1.226	1.242
5	1.022	1.022	1.141	1.182	1.196
10	1.010	1.010	1.069	1.091	1.099
20	1.005	1.005	1.034	1.046	1.050
50	1.002	1.002	1.013	1.018	1.020
100	1.001	1.001	1.007	1.009	1.010
1000	1.000	1.000	1.001	1.001	1.001

通过计算分析，可以得到以下结论：

（1）半刚性节点对支撑计算长度有较大影响，节点刚度越大，计算长度越接近于 1。

（2）接头位置对支撑计算长度的影响体现在接头位置越接近于支撑中部，支撑计算长度越大。对于同一节点刚度，接头位置位于支撑中点处，有最大的支撑计算长度。

（3）当支撑接头刚度 m 等于 20 时，支撑计算长度小于 1.05。

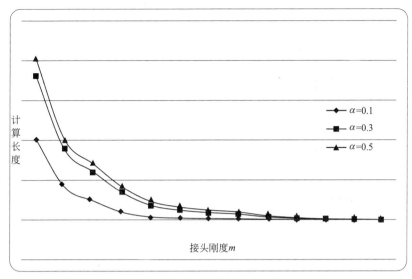

图 2.4-3　计算长度随 m 值变化曲线

2.5　钢支撑组合体系平面稳定性研究

在水平支撑平面内，钢支撑由两根支撑及中间连接系杆形成"梯子"形组合体系，如图 2.2-1 所示。由于中间系杆的约束作用，在水平支撑平面内，支撑计算长度将受到连接系杆的影响。下面通过杆件稳定性原理研究连接系杆对支撑水平平面内计算长度的影响。

2.5.1　组合体系力学模型

2.3 节论证过，当支撑支座弹性刚度达到一定程度时，支撑计算长度等于支撑支座间距。这也表明，当支撑支座弹性刚度满足要求时，支座间支撑部分可作为一个分析单元。图 2.2-1 的分析单元如图 2.5-1 所示。考虑到单元结构的对称性，可以进一步简化，得到计算模型如图 2.5-2 所示。

2.5.2　平衡法求解组合体系稳定问题

图 2.5-3 为计算模型分解。

将模型切分成上半部分、下半部分及连杆，有：

$$L_1 \leqslant x \leqslant L, EI y''_1 + N y'_1 - N(f_1 + f_2) = 0$$
$$0 \leqslant x \leqslant L_1, EI y''_2 + N y'_2 - N(f_1 + f_2) + M_b = 0$$
$$M_b = K_b \theta$$
$$K_b = \frac{6 E_b I_b}{L_b}$$
$$\theta = y'_1 |_{x=L_1} = y'_2 |_{x=L_1}$$

令 $k^2 = \dfrac{N}{EI}$，则有：

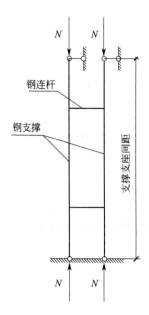

图 2.5-1 支撑组合体系分析基本单元

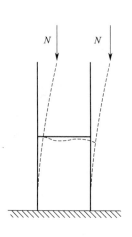

图 2.5-2 计算模型

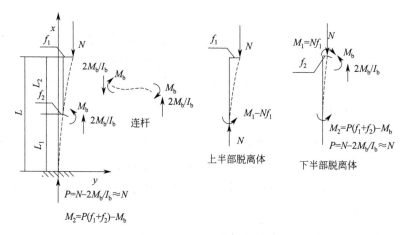

图 2.5-3 计算模型分解

$$L_1 \leqslant x \leqslant L, y''_1 + k^2 y'_1 - k^2 (f_1 + f_2) = 0$$

$$0 \leqslant x \leqslant L_1, y''_2 + k^2 y'_2 - k^2 (f_1 + f_2) + \frac{M_b}{EI} = 0$$

方程的通解为：

$$L_1 \leqslant x \leqslant L, y_1 = C_1 \sin kx + C_2 \cos kx + (f_1 + f_2)$$

$$0 \leqslant x \leqslant L_1, y_2 = C_3 \sin kx + C_4 \cos kx + \left[(f_1 + f_2) - \frac{M_b}{k^2 EI} \right]$$

（1）根据边界条件 $y_1 |_{x=L} = f_1 + f_2$，$y_1 |_{x=L_1} = f_2$，

则有：

$$C_1 \sin kL + C_2 \cos kL = 0$$

$$C_1 \sin kL_1 + C_2 \cos kL_1 + f_1 = 0$$

解得：

$$C_1 = \frac{f_1 \cos kL}{\sin kL_2}, C_2 = \frac{f_1 \sin kL}{\sin kL_2}$$

（2）根据边界条件：$y_1|_{x=0} = 0$，$y_1'|_{x=0} = 0$
得到：

$$C_3 = 0, C_4 = -(f_1 + f_2) + \frac{M_b}{EIk^2}$$

（3）根据边界条件 $y_1|_{x=L_1} = f_2$

$$y_1|_{x=L_1} = \left[\frac{M_b}{EIk^2} - (f_1 + f_2)\right] \cos kL_1 + (f_1 + f_2) - \frac{M_b}{EIk^2} = f_2$$

则：

$$C_4 = \frac{M_b}{EIk^2} - (f_1 + f_2) = \frac{\dfrac{M_b}{EIk^2} - f_1}{\cos kL_1}$$

（4）根据连续条件 $y_1'|_{x=L_1} = y_2'|_{x=L_1} = \theta$

$$\theta = y_1'|_{x=L_1} = \frac{f_1 \cos kL}{\sin kL_2} k \cos kL_1 + \frac{f_1 \sin kL}{\sin kL_2} k \sin kL_1 = \frac{kf_1}{\tan kL_2}$$

$$y_2'|_{x=L_1} = -kC_4 \sin kL_1 = -k \frac{\dfrac{M_b}{EIk^2} - f_1}{\cos kL_1} \sin kL_1$$

引入，$M_b = K_b \theta = \dfrac{K_b k f_1}{\tan kL_2}$

$$y_2'|_{x=L_1} = -k \frac{\dfrac{K_b k f_1}{EIk^2 \tan kL_2} - f_1}{\cos kL_1} \sin kL_1 = \frac{kf_1}{\tan kL_2}$$

$$\left(f_1 k - \frac{K_b k^2 f_1}{EIk^2 \tan kL_2}\right) \tan kL_1 = \frac{kf_1}{\tan kL_2}$$

最后得到：

$$\left(k \tan kL_2 - \frac{K_b}{EI}\right) \tan kL_1 = k$$

该方程为超越方程，为了方便求解，

设 $\dfrac{L_2}{L_1} = \alpha$，$kL_1 = x$，$\dfrac{E_b I_b L_1}{EI l_b} = \beta = \dfrac{L_1}{l_b}$（截面惯性矩相同）。则有：

$$\left(k \tan kL_2 - \frac{K_b}{EI}\right) \tan kL_1 = k$$

$$\left(kL_1 \tan kL_2 - \frac{K_b L_1}{EI}\right) \tan kL_1 = kL_1 \frac{E_b I_b L_1}{EI l_b} = \beta$$

$$(x \tan \alpha x - 6\beta) \tan x = x$$

则方程为：

$$(x\tan\alpha x - 6\beta)\tan x = x$$

2.5.3 组合体系稳定性研究

根据不同的 α 和 β 值求解 2.5.2 节得到的超越方程，可以得到不同连杆位置，不同连杆长度时半跨钢支撑的计算长度 μ_0（由于对称模型取一半，全跨钢支撑计算长度系数取 μ_0 的一半）。

$$\mu_0 = \frac{\pi}{kL_1}/(1+\alpha)$$

计算结果见表 2.5-1 组合体系平面内支撑计算长度及图 2.5-4。

组合体系平面内支撑计算长度   表 2.5-1

β \ α	0.5	1	2
0.3	1.290	0.622	0.391
0.5	1.131	0.600	0.385
1	0.949	0.567	0.373
2	0.823	0.539	0.358
3	0.774	0.527	0.351
4	0.748	0.520	0.347
5	0.732	0.516	0.344
10	0.700	0.508	0.339
100	0.670	0.501	0.334

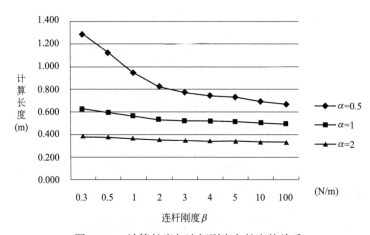

图 2.5-4 计算长度与连杆刚度和长度的关系

通过计算分析，可以得到：

（1）连杆位置对支撑计算长度有较大影响，连杆均匀布置时（$\alpha=2$），支撑计算长度最小。

（2）连杆位置确定的情况下，连杆长度越小，连杆线刚度越大，支撑计算长度越小。

（3）当连杆均匀布置时，支撑计算长度小于 0.4（半跨钢支撑）。

2.6　立柱隆起对超长钢支撑的影响分析

由于钢支撑坐落在托梁与立柱组成的支承体系上，当基坑开挖造成立柱隆起时，钢支撑将产生内力变化，该影响可采用结构力学的方法进行求解。

对于多跨钢支撑，其计算简图如图 2.6-1 所示。

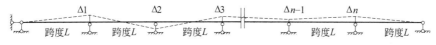

图 2.6-1　连续支撑立柱隆沉计算简图

对于该问题，可以去除支座处转动约束采用铰支点，以 $X_1 \sim X_n$ 作为截面处的未知弯矩，计算模型为图 2.6-2。

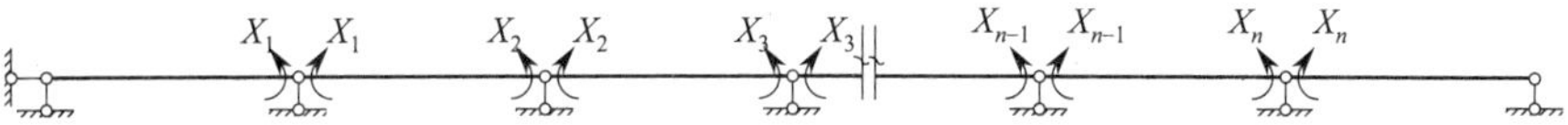

图 2.6-2　计算模型简化

则力法的典型方程为：

$$S \cdot X + \Delta = 0$$

即：

$$
\begin{bmatrix}
\delta_{11} & \delta_{12} & \delta_{13} & \cdots & \delta_{1,n-2} & \delta_{1,n-1} & \delta_{1,n} \\
\delta_{21} & \delta_{22} & \delta_{23} & \cdots & \delta_{2,n-2} & \delta_{2,n-1} & \delta_{2,n1} \\
\delta_{31} & \delta_{32} & \delta_{33} & \cdots & \delta_{3,n-2} & \delta_{3,n-1} & \delta_{3,n} \\
\cdots & \cdots & \cdots & \cdots & \cdots & \cdots & \cdots \\
\delta_{n-2,1} & \delta_{n-2,2} & \delta_{n-2,3} & \cdots & \delta_{n-2,n-2} & \delta_{n-2,n-1} & \delta_{n-2,n} \\
\delta_{n-1,1} & \delta_{n-1,2} & \delta_{n-1,3} & \cdots & \delta_{n-1,n-2} & \delta_{n-1,n-1} & \delta_{n-1,n} \\
\delta_{n,1} & \delta_{n,2} & \delta_{n,3} & \cdots & \delta_{n,n-2} & \delta_{n,n-1} & \delta_{n,n}
\end{bmatrix}
\begin{bmatrix}
X_1 \\ X_2 \\ X_3 \\ \cdots \\ X_{n-2} \\ X_{n-1} \\ X_n
\end{bmatrix}
+
\begin{bmatrix}
\Delta_{1,p} \\ \Delta_{2,p} \\ \Delta_{3,p} \\ \cdots \\ \Delta_{n-2,p} \\ \Delta_{n-1,p} \\ \Delta_{n,p}
\end{bmatrix}
= 0
$$

其中

$$\delta_{j,j} = \frac{L}{EI} \frac{2}{3}$$

$$\delta_{j,j-1} = \delta_{j,j+1} = \frac{L}{EI} \cdot \frac{1}{6}，其余为零$$

得到柔度矩阵：

$$
S =
\begin{bmatrix}
\delta_{11} & \delta_{12} & \delta_{13} & \cdots & \delta_{1,n-2} & \delta_{1,n-1} & \delta_{1,n} \\
\delta_{21} & \delta_{22} & \delta_{23} & \cdots & \delta_{2,n-2} & \delta_{2,n-1} & \delta_{2,n1} \\
\delta_{31} & \delta_{32} & \delta_{33} & \cdots & \delta_{3,n-2} & \delta_{3,n-1} & \delta_{3,n} \\
\cdots & \cdots & \cdots & \cdots & \cdots & \cdots & \cdots \\
\delta_{n-2,1} & \delta_{n-2,2} & \delta_{n-2,3} & \cdots & \delta_{n-2,n-2} & \delta_{n-2,n-1} & \delta_{n-2,n} \\
\delta_{n-1,1} & \delta_{n-1,2} & \delta_{n-1,3} & \cdots & \delta_{n-1,n-2} & \delta_{n-1,n-1} & \delta_{n-1,n} \\
\delta_{n,1} & \delta_{n,2} & \delta_{n,3} & \cdots & \delta_{n,n-2} & \delta_{n,n-1} & \delta_{n,n}
\end{bmatrix}
$$

$$=\frac{L}{EI}\begin{bmatrix} \frac{2}{3} & \frac{1}{6} & 0 & \cdots & 0 & 0 & 0 \\ \frac{1}{6} & \frac{2}{3} & 0 & \cdots & 0 & 0 & 0 \\ \delta_{31} & \frac{1}{6} & \frac{2}{3} & \cdots & 0 & 0 & 0 \\ \cdots & \cdots & \cdots & \cdots & \cdots & \cdots & \cdots \\ 0 & 0 & 0 & \cdots & \frac{2}{3} & \frac{1}{6} & 0 \\ 0 & 0 & 0 & \cdots & \frac{1}{6} & \frac{2}{3} & \frac{1}{6} \\ 0 & 0 & 0 & \cdots & 0 & \frac{1}{6} & \frac{2}{3} \end{bmatrix}$$

$$\Delta=\begin{bmatrix} \Delta_{1,p} \\ \Delta_{2,p} \\ \Delta_{3,p} \\ \cdots \\ \Delta_{n-2,p} \\ \Delta_{n-1,p} \\ \Delta_{n,p} \end{bmatrix}=-\begin{bmatrix} \frac{2}{L} & -\frac{1}{L} & 0 & \cdots & 0 & 0 & 0 \\ -\frac{1}{L} & \frac{2}{L} & -\frac{1}{L} & \cdots & 0 & 0 & 0 \\ 0 & -\frac{1}{L} & \frac{2}{L} & \cdots & 0 & 0 & 0 \\ \cdots & \cdots & \cdots & \cdots & \cdots & \cdots & \cdots \\ 0 & 0 & 0 & \cdots & \frac{2}{L} & -\frac{1}{L} & 0 \\ 0 & 0 & 0 & \cdots & -\frac{1}{L} & \frac{2}{L} & -\frac{1}{L} \\ 0 & 0 & 0 & \cdots & 0 & -\frac{1}{L} & \frac{2}{L} \end{bmatrix}\begin{bmatrix} \Delta_1 \\ \Delta_2 \\ \Delta_3 \\ \cdots \\ \Delta_{n-2} \\ \Delta_{n-1} \\ \Delta_n \end{bmatrix}$$

求解时解得柔度矩阵的逆阵 S^{-1}。

有 $X=-S^{-1}\Delta$。

以五跨钢支撑为例，假定支撑截面为 H400×400×13×21，支撑单跨为 10m，支撑支座位移 $\{\Delta_1, \Delta_2, \Delta_3, \Delta_4\}=\{0.1, 0.1, 0.1, 0.1\}$，

则：

$$S=\frac{L}{EI}\begin{bmatrix} \frac{2}{3} & \frac{1}{6} & 0 & 0 \\ \frac{1}{6} & \frac{2}{3} & \frac{1}{6} & 0 \\ 0 & \frac{1}{6} & \frac{2}{3} & \frac{1}{6} \\ 0 & 0 & \frac{1}{6} & \frac{2}{3} \end{bmatrix}, \Delta=-\begin{bmatrix} \frac{2}{L} & -\frac{1}{L} & 0 & 0 \\ -\frac{1}{L} & \frac{2}{L} & -\frac{1}{L} & 0 \\ 0 & -\frac{1}{L} & \frac{2}{L} & -\frac{1}{L} \\ 0 & 0 & -\frac{1}{L} & \frac{2}{L} \end{bmatrix}\begin{bmatrix} \Delta_1 \\ \Delta_2 \\ \Delta_3 \\ \Delta_4 \end{bmatrix}$$

解得弯矩：

$$X=-S^{-1}\Delta=\begin{Bmatrix} 216723 \\ -43345 \\ -43345 \\ 216723 \end{Bmatrix}$$

采用有限元软件 ansys 进行复核，有限元模型如图 2.6-3 所示。

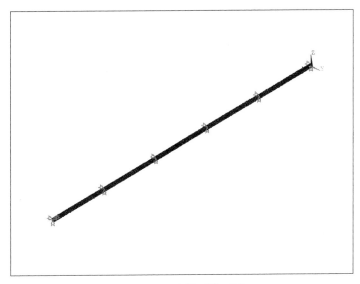

图 2.6-3　有限元模型图

弯矩计算结果如图 2.6-4 所示。

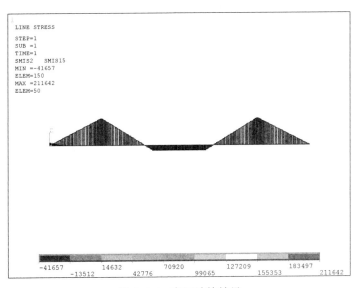

图 2.6-4　弯矩计算结果

由图 2.6-4 中可知，ansys 计算得到最大弯矩 211.642kN·m，最小弯矩−41.657 kN·m。理论计算结果为最大弯矩 216.723kN·m，最小弯矩−43.345kN·m。在计算误差范围内两者一致，证明理论解法是正确的。

2.7　温度荷载对钢支撑的影响分析

钢支撑施工实践证明，温度对于钢支撑受力有显著的影响。现阶段，关于温度对钢支撑受力影响的研究较少。《建筑基坑支护技术规程》JGJ 120—2012 在 4.9.6 条文说明指出"温度变化会引起钢支撑轴力改变，但由于对钢支撑温度应力的研究较少，目前对此尚无成熟的计算方法。温度变化对钢支撑的影响程度与支撑构件的长度有较大的关系，根据经验，对长度超过 40m 的支撑，认为可考虑 10%～20% 的支撑内力变化。"而根据经验，气温每改变 1℃ 将造成支撑轴力增减 14～39kN。日本建筑学会建议温度对钢支撑轴力的增加在 120～150kN，或者按气温每摄氏度变化 10～40kN。

本节将气温对钢支撑造成的轴力影响进行分析，钢支撑示意如图 2.7-1 所示。

在受气温影响膨胀时，钢支撑通过钢围檩将轴力传递到基坑围护背后土体中。可将墙背后土体视作弹簧体，弹簧刚度根据土体 m 值确定。具体计算模型如图 2.7-2 所示。

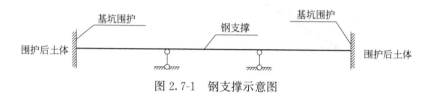

图 2.7-1　钢支撑示意图

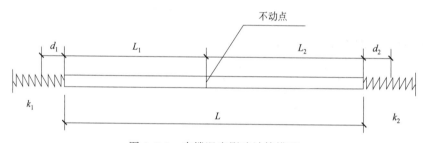

图 2.7-2　支撑温度影响计算模型

设两侧围护背后土体弹簧刚度为 k_1 和 k_2，钢支撑长度为 L，支撑弹性模量为 E，钢支撑面积为 A，支撑膨胀系数为 α。支撑左端距离支撑不动点距离为 L_1，右端为 L_2。支撑膨胀时，左侧土体弹簧压缩量为 d_1，右侧为 d_2。因为温度膨胀造成钢支撑的轴力为 N，温度变化为 Δt。

则根据力平衡条件有以下关系：

$$\begin{cases} N = k_1 d_1 \\ N = k_2 d_2 \\ N = EA[\alpha \Delta t L - (d_1 + d_2)]/[(1 + \alpha \Delta t)L] \end{cases}$$

由上式得到：

$$d_1 = \frac{N}{k_1}, d_2 = \frac{N}{k_2}$$

代入得到：

$$N = \frac{\alpha \Delta t L}{\dfrac{(1 + \alpha \Delta t)L}{EA} + \dfrac{k_1 + k_2}{k_1 k_2}}$$

对于两侧弹簧刚度相同 $k_1 = k_2 = k$ 时：

$$N = \frac{\alpha \Delta t L}{\dfrac{(1+\alpha \Delta t)L}{EA} + \dfrac{2}{k}}$$

对于支撑不动点的位置，存在以下关系：

$$EA(\alpha \Delta t L_1 - d_1)/[(1+\alpha \Delta t)L_1] = EA(\alpha \Delta t L_2 - d_2)/[(1+\alpha \Delta t)L_2]$$

化简后得到：

$$\frac{d_1}{L_1} = \frac{d_2}{L_2}$$

则有 $\dfrac{L_1}{L_2} = \dfrac{k_2}{k_1}$，则支撑不动点的位置与两侧土弹簧刚度有关，与土弹簧刚度成反比。

有时候因为工程需要，会在基坑中部设置混凝土板带，两侧采用钢支撑（图 2.7-3）。其计算模型如图 2.7-4 所示。

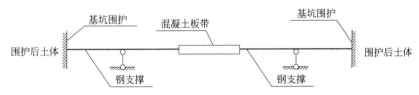

图 2.7-3　中部设置混凝土板带钢支撑示意图

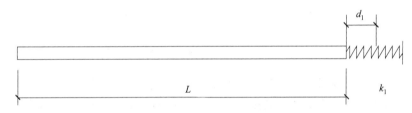

图 2.7-4　中部设置混凝土板带钢支撑温度影响计算模型

其温度应力，由式 $N = \dfrac{\alpha \Delta t L}{\dfrac{(1+\alpha \Delta t)L}{EA} + \dfrac{k_1+k_2}{k_1 k_2}}$，设 k_2 为 ∞，则：

$$N = \frac{\alpha \Delta t L}{\dfrac{(1+\alpha \Delta t)L}{EA} + \dfrac{1}{k_1}}$$

根据式 $N = \dfrac{\alpha \Delta t L}{\dfrac{(1+\alpha \Delta t)L}{EA} + \dfrac{2}{k}}$，每摄氏度轴力变化与支撑长度及弹簧刚度关系如表 2.7-1 和图 2.7-5 所示。

单位摄氏度轴力变化表（kN）　　　　　　　　　表 2.7-1

弹簧刚度 k (10^4 kN/m)	支撑长度 (m)				
	30	50	70	100	120
1	1.7	2.8	3.9	5.4	7.2

续表

弹簧刚度 k (10^4kN/m)	支撑长度（m）				
	30	50	70	100	120
2	3.4	5.4	7.2	9.7	12.6
5	7.6	11.6	14.8	18.8	22.9
10	13.3	18.8	22.9	27.4	31.5
20	21.0	27.4	31.5	35.4	38.7
50	32.3	37.7	40.6	43.1	44.9

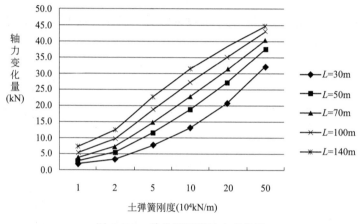

图 2.7-5　单位摄氏度轴力变化量

通过单位摄氏度轴力变化与支撑长度及土弹簧刚度关系图，可知单位温度轴力变化量与支撑长度和土弹簧刚度有关，支撑长度越大，土弹簧刚度越大，单位温度轴力变化量越大。

2.8　施工误差对钢支撑的影响分析

钢支撑施工误差指在钢支撑安装施工中安装精度不足造成的误差。在钢支撑施工中，该误差只能减小，不能完全避免。该误差对钢支撑力学特性的影响主要反映在当钢支撑受力后，支撑轴力将由于施工误差而产生次生弯矩。为便于研究，将施工误差分为两部分：其一为在钢支撑支承位置的钢支撑施工误差，主要反应为钢支撑支承处标高误差；另一部分为在支撑两支承中间构件的安装误差，主要反应为支撑轴线偏心。

本节主要介绍第一部分内容，第二部分将放在支撑承载力计算中介绍。

对于支撑轴力在施工误差的基础上产生的次生弯矩，由结构分析可知，如果钢支撑支座为完全刚性支座，支座处施工误差不会产生次弯矩。当钢支撑支承为弹性支座时，支撑轴力才会在支座处施工误差的基础上产生次生弯矩。

2.8.1　施工误差对钢支撑的影响分析方法

该影响研究可采用结构力学的力法进行求解。对于多跨钢支撑，其计算如图 2.8-1 所示。求解可去除支座处转动约束采用铰支点，以 $X_1 \sim X_n$ 作为截面处的未知弯矩。图

2.8-2 为力法计算简图。

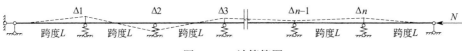

图 2.8-1　计算简图

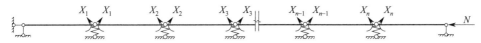

图 2.8-2　力法计算简图

则力法的典型方程为：

$$S \cdot X + \Delta = 0$$

即：

$$
\begin{bmatrix}
\delta_{11} & \cdots & \delta_{1,j-1} & \delta_{1,j} & \delta_{1,j+1} & \cdots & \delta_{1,n} \\
\cdots & \cdots & \cdots & \cdots & \cdots & \cdots & \cdots \\
\delta_{j-1,1} & \cdots & \delta_{j-1,j-1} & \delta_{j-1,j} & \delta_{j-1,j+1} & \cdots & \delta_{j-1,n} \\
\delta_{j,1} & \cdots & \delta_{j,j-1} & \delta_{j,j} & \delta_{j,j+1} & \cdots & \delta_{j,n} \\
\delta_{j+1,1} & \cdots & \delta_{j+1,j-1} & \delta_{j+1,j} & \delta_{j+1,j+1} & \cdots & \delta_{j+1,n} \\
\cdots & \cdots & \cdots & \cdots & \cdots & \cdots & \cdots \\
\delta_{n,1} & \cdots & \delta_{n,j-1} & \delta_{n,j} & \delta_{n,j+1} & \cdots & \delta_{n,n}
\end{bmatrix}
\begin{bmatrix}
X_1 \\ X_2 \\ X_3 \\ \cdots \\ X_{n-2} \\ X_{n-1} \\ X_n
\end{bmatrix}
+
\begin{bmatrix}
\Delta_{1,p} \\ \Delta_{2,p} \\ \Delta_{3,p} \\ \cdots \\ \Delta_{n-2,p} \\ \Delta_{n-1,p} \\ \Delta_{n,p}
\end{bmatrix}
= 0
$$

设支撑抗弯刚度为 EI，跨度为 L，支座弹簧刚度为 k。图 2.8-3 为多跨钢支撑计算简化。

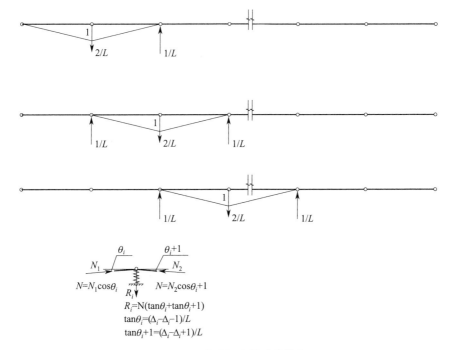

图 2.8-3　多跨钢支撑计算简化

则：

$$\delta_{11} = \delta_{n,n} = \frac{L}{EI}\frac{2}{3} + \frac{2}{L}\frac{2}{LK} + \frac{1}{L}\frac{1}{LK}$$

$$= \frac{L}{EI}\frac{2}{3} + \frac{5}{L^2K}$$

$$\delta_{j,j} = \frac{L}{EI}\frac{2}{3} + \frac{2}{L}\frac{2}{LK} + \frac{1}{L}\frac{1}{LK} + \frac{1}{L}\frac{1}{LK}$$

$$= \frac{L}{EI}\frac{2}{3} + \frac{6}{L^2K}$$

$$\delta_{j-1,j} = \delta_{j+1,j} = \frac{L}{EI}\frac{1}{6} - \frac{2}{L}\frac{1}{LK} - \frac{2}{L}\frac{1}{LK}$$

$$= \frac{L}{EI}\frac{1}{6} - \frac{4}{L^2K}$$

$$\delta_{j-2,j} = \delta_{j+2,j} = \frac{1}{L}\frac{1}{LK} = \frac{1}{L^2K}$$

$$S = \begin{bmatrix} \frac{L}{EI}\frac{2}{3}+\frac{5}{L^2K} & \cdots & 0 & 0 & 0 & \cdots & 0 \\ \cdots & \cdots & \cdots & \cdots & \cdots & \cdots & \cdots \\ 0 & \cdots & \frac{L}{EI}\frac{2}{3}+\frac{6}{L^2K} & \frac{L}{EI}\frac{1}{6}-\frac{4}{L^2K} & \frac{1}{L^2K} & \cdots & 0 \\ 0 & \cdots & \frac{L}{EI}\frac{1}{6}-\frac{4}{L^2K} & \frac{L}{EI}\frac{2}{3}+\frac{6}{L^2K} & \frac{L}{EI}\frac{1}{6}-\frac{4}{L^2K} & \cdots & 0 \\ 0 & \cdots & \frac{1}{L^2K} & \frac{L}{EI}\frac{1}{6}-\frac{4}{L^2K} & \frac{L}{EI}\frac{2}{3}+\frac{6}{L^2K} & \cdots & 0 \\ \cdots & \cdots & \cdots & \cdots & \cdots & \cdots & \cdots \\ 0 & \cdots & 0 & 0 & 0 & \cdots & \frac{L}{EI}\frac{2}{3}+\frac{6}{L^2K} \end{bmatrix}$$

$$\begin{bmatrix} X_1 \\ X_2 \\ X_3 \\ \cdots \\ X_{n-2} \\ X_{n-1} \\ X_n \end{bmatrix} + \begin{bmatrix} \Delta_{1,p} \\ \Delta_{2,p} \\ \Delta_{3,p} \\ \cdots \\ \Delta_{n-2,p} \\ \Delta_{n-1,p} \\ \Delta_{n,p} \end{bmatrix} = 0$$

$$\begin{bmatrix} R_1 \\ \cdots \\ R_{j-1} \\ R_j \\ R_{j+1} \\ \cdots \\ R_n \end{bmatrix} = \begin{bmatrix} \frac{2}{L} & \cdots & 0 & 0 & 0 & \cdots & 0 \\ \cdots & \cdots & \cdots & \cdots & \cdots & \cdots & \cdots \\ 0 & \cdots & \frac{2}{L} & -\frac{1}{L} & 0 & \cdots & 0 \\ 0 & \cdots & -\frac{1}{L} & \frac{2}{L} & -\frac{1}{L} & \cdots & 0 \\ 0 & \cdots & 0 & -\frac{1}{L} & \frac{2}{L} & \cdots & 0 \\ \cdots & \cdots & \cdots & \cdots & \cdots & \cdots & \cdots \\ 0 & \cdots & 0 & 0 & 0 & \cdots & \frac{2}{L} \end{bmatrix} \begin{bmatrix} \Delta_1 \\ \cdots \\ \Delta_{j-1} \\ \Delta_j \\ \Delta_{j+1} \\ \cdots \\ \Delta_n \end{bmatrix}$$

$$\begin{Bmatrix} \Delta_{1,p} \\ \cdots \\ \Delta_{j-1,p} \\ \Delta_{j,p} \\ \Delta_{j+1,p} \\ \cdots \\ \Delta_{n,p} \end{Bmatrix} = \frac{1}{K} \begin{bmatrix} \dfrac{2}{L} & \cdots & 0 & 0 & 0 & \cdots & 0 \\ \cdots & \cdots & \cdots & \cdots & \cdots & \cdots & \cdots \\ 0 & \cdots & \dfrac{2}{L} & -\dfrac{1}{L} & 0 & \cdots & 0 \\ 0 & \cdots & -\dfrac{1}{L} & \dfrac{2}{L} & -\dfrac{1}{L} & \cdots & 0 \\ 0 & \cdots & 0 & -\dfrac{1}{L} & \dfrac{2}{L} & \cdots & 0 \\ \cdots & \cdots & \cdots & \cdots & \cdots & \cdots & \cdots \\ 0 & \cdots & 0 & 0 & 0 & \cdots & \dfrac{2}{L} \end{bmatrix} \begin{Bmatrix} R_1 \\ \cdots \\ R_{j-1} \\ R_j \\ R_{j+1} \\ \cdots \\ R_n \end{Bmatrix}$$

求解时解得柔度矩阵的逆阵 S^{-1}，

$$X = -S^{-1}\Delta$$

以五跨钢支撑为例，假定支撑截面为 H400×400×13×21，支撑单跨为 10m，$K = 1.2 \times 10^6 \mathrm{N/m}$，$N = 3000\mathrm{kN}$。支撑安装偏差 $\{\Delta_1, \Delta_2, \Delta_3, \Delta_4\} = \{0.01, -0.01, 0.01, -0.01\}$，

解得弯矩：

$$X = -S^{-1}\Delta = \begin{Bmatrix} 18991 \\ -26630 \\ 26630 \\ -18991 \end{Bmatrix}$$

采用有限元软件 ansys 进行复核，有限元模型如图 2.8-4 所示。

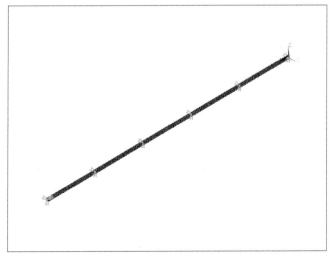

图 2.8-4　有限元模型

计算得到的弯矩如图 2.8-5 所示。

由图 2.8-5 中可知，ansys 计算得到最大弯矩 260.59kN·m。理论计算结果为最大弯

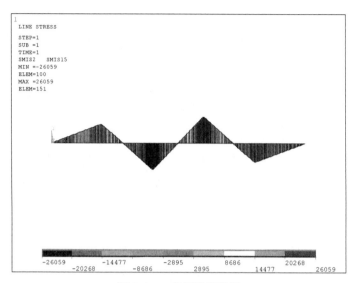

图 2.8-5　弯矩计算结果

矩 266.3kN·m。在计算误差范围内两者一致，证明理论解法是正确的。

2.8.2　施工误差产生的次生弯矩研究

情况一、案例同上节。考虑支撑安装偏差为 $\{\Delta_1，\Delta_2，\Delta_3，\Delta_4\} = \{0.01，0.01，$ $0.01，0.01\}$ 和 $\{\Delta_1，\Delta_2，\Delta_3，\Delta_4\} = \{0.01，-0.01，-0.01，0.01\}$ 的情况，其他条件一致，可以得到弯矩分别为 $\begin{Bmatrix} 5203 \\ -2366 \\ 2366 \\ -5203 \end{Bmatrix}$、$\begin{Bmatrix} 20343 \\ -12773 \\ 12773 \\ -20343 \end{Bmatrix}$。

情况二、案例同上节。考虑支撑轴力为 2000kN，其他条件一致，可以得到弯矩分别为 $\begin{Bmatrix} 12661 \\ -17753 \\ 12661 \\ -17753 \end{Bmatrix}$。

情况三、案例同上节。考虑弹簧刚度为 $K = 1.2 \times 10^5 \text{N/m}$，可以得到弯矩为 $\begin{Bmatrix} 27279 \\ -30427 \\ 30427 \\ -27279 \end{Bmatrix}$。

通过以上分析，可以得到：

（1）轴力在安装误差上产生的次生弯矩，当相邻误差交错分布于杆轴线两侧时达到最大。因此安装时要尽量避免这种情况。

（2）轴力在安装误差上产生的次生弯矩与轴力大小有关，轴力越大，产生的次生弯矩越大。

（3）轴力在安装误差上产生的次生弯矩与弹簧刚度有关，弹簧刚度越大，产生的次生弯矩越小，弹簧刚度越小，产生的次生弯矩越大。

2.9　轴力补偿对超长多跨钢支撑力学特性的影响分析

钢支撑的刚度一般比混凝土刚度小，所以同样的项目用钢支撑的变形可能会比混凝土支撑的变形大，但是通过施加预加轴力之后，钢支撑体系的变形较之不施加预加轴力时小，这可以理解为施加预加轴力后钢支撑刚度的提高。

2.9.1　不同土层的研究

以单一土层为例进行研究，设土层厚度为 30m，重度为 20kN/m^3，对不同的土层设置不同的黏聚力和内摩擦角。其中围护为直径 1000mm、间距 1600mm 的灌注桩，嵌固深度为 10m；基坑开挖深度为 10m，设置两道支撑，支撑长度为 100m，型号为 H400×400×13×21 的型钢，间距为 100m；两道支撑分别位于 −2m 和 −6m 的位置，模型剖面如图 2.9-1 所示。

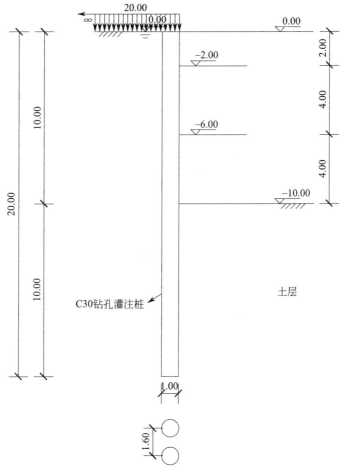

图 2.9-1　基坑开挖剖面图

　　先将土层参数设置为黏聚力为 0，内摩擦角为 30°（砂土）进行计算，采用水土分算，得到如图 2.9-2 所示不加预加轴力时，钢支撑体系的基坑变形情况和轴力情况，此时基坑最大变形为 20.7mm，第一道支撑轴力为 254.4×5kN，第二道支撑轴力为 206.1×5kN。对两道支撑各自施加轴力值 50% 的预加轴力，此时计算结果如图 2.9-3 所示，基坑变形为 11.3mm，第一道支撑轴力为 238.8×5kN，第二道支撑轴力增加到 289.4×5kN，施加预加轴力后的刚度相当于提高了 20.7/11.3-1≈0.83（倍）。通过计算，此时钢支撑的刚度相当于同等间距下高 800mm、宽 800mm 的 C30 混凝土支撑，如图 2.9-4 所示。

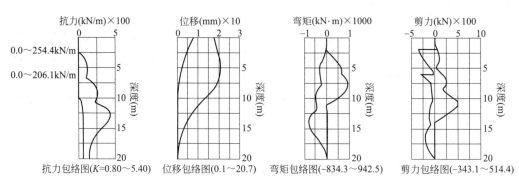

图 2.9-2　未加预加力时基坑开挖计算结果图（砂土）

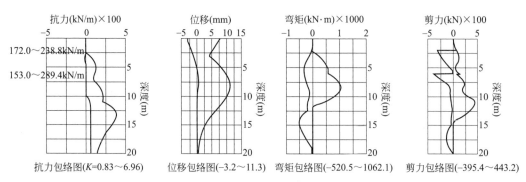

图 2.9-3　施加预加力时基坑开挖计算结果图（砂土）

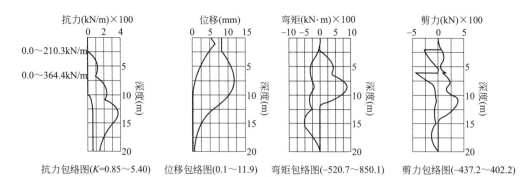

图 2.9-4　混凝土支撑时基坑开挖计算结果图（砂土）

将土层参数改为：黏聚力为 35kPa，内摩擦角为 10°，水土合算，其他条件不变，得到此时的基坑变形如图 2.9-5 所示。

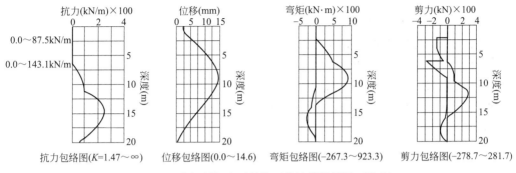

图 2.9-5　未加预加力时基坑开挖计算结果图（黏土）

此时基坑变形为 14.6mm，第一道支撑轴力为 87.5×5kN，第二道支撑轴力为 143.1×5kN。对各道支撑施加各自轴力值 50% 的预加轴力，计算得到此时的内力变形结果如图 2.9-6 所示。此时基坑变形为 11.7mm，第一道支撑轴力为 76.6×5kN，第二道支撑轴力为 190.6×5kN，施加预加轴力后的刚度相当于提高了 14.6/11.7−1≈0.25（倍）。通过计算，此时钢支撑的刚度相当于同等间距下高 800mm、宽 600mm 的 C30 混凝土支撑，如图 2.9-7 所示。

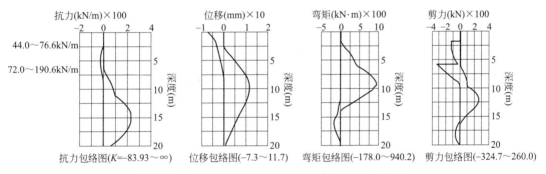

图 2.9-6　施加预加力时基坑开挖计算结果图（黏土）

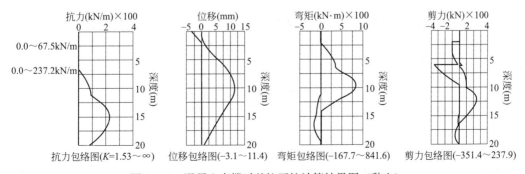

图 2.9-7　混凝土支撑时基坑开挖计算结果图（黏土）

说明在此类工程中，均施加轴力值 50% 的预加轴力时，砂土地层的变形控制效果更好,钢支撑的刚度提高更明显。

2.9.2 不同预加轴力分析

以砂土案例为例,如果施加的预加轴力为 80％的轴力值,则计算结果如图 2.9-8 所示。此时,第一道支撑轴力为 249.7×5kN,第二道支撑轴力增加到 292.1×5kN,施加 80％的预加轴力后支撑轴力的变化不明显;基坑变形为 10.4mm,支撑的刚度相当于提高了 20.7/10.4－1≈1(倍),较施加预加轴力为 50％时进一步提高了 0.17 倍。通过计算,此时钢支撑的刚度相当于同等间距下高 1000mm、宽 1000mm 的 C30 混凝土支撑,如图 2.9-9 所示。

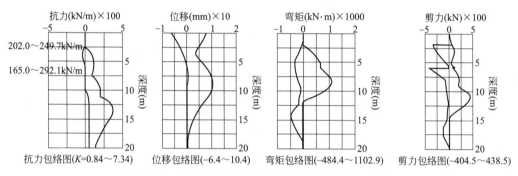

图 2.9-8 施加预加力时基坑开挖计算结果图(砂土)

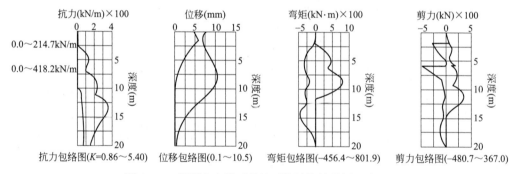

图 2.9-9 混凝土支撑时基坑开挖计算结果图(砂土)

以黏土案例为例,如果施加的预加轴力为 80％的轴力值,则计算结果如图 2.9-10 所示。此时,第一道支撑轴力为 86×5kN,第二道支撑轴力增加到 219.1×5kN,施加 80％的预加轴力后支撑轴力增加了约 0.15 倍;基坑变形为 10.3mm,支撑的刚度相当于提高了 14.6/10.3－1≈0.42(倍),较施加预加轴力为 50％时进一步提高了 0.17 倍。通过计算,此时钢支撑的刚度相当于同等间距下高 900mm、宽 900mm 的 C30 混凝土支撑,如图 2.9-11 所示。

综上所述,在施加预加轴力为 50％的基础上进一步提高 30％的预加轴力时,各土层的刚度仅提高了 17％,说明如果千斤顶的承载力有限时,预加轴力提高到 80％会导致需更换更大承载力的千斤顶而造成设计不经济时,可仅施加 50t 的预加轴力,对基坑变形影响不大。

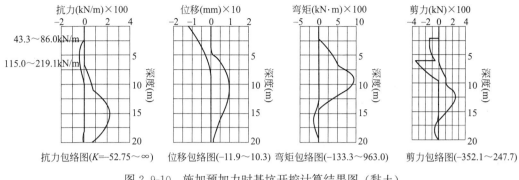

图 2.9-10　施加预加力时基坑开挖计算结果图（黏土）

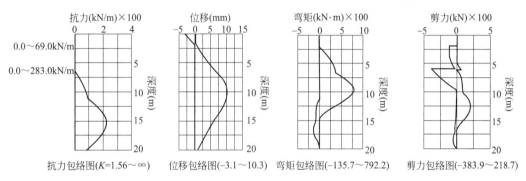

图 2.9-11　混凝土支撑时基坑开挖计算结果图（黏土）

2.10　小结

本章通过对托梁刚度和构件半刚性连接节点对计算长度影响的研究，建立了托梁刚度、半刚性连接节点与钢支撑计算长度之间的关系，填补了新型 H 型钢支撑设计理论的空白。通过研究立柱隆起、温度荷载、施工误差等对钢支撑受力性能的影响，阐明了各影响因素与钢支撑内力间的内在联系，完善了设计理论。同时通过对钢支撑组合体系平面稳定性和轴力补偿对支撑力学特性的影响分析，与本章各节研究成果共同形成了一套完整的新型 H 型钢支撑体系的设计理论。主要结论有：

（1）通过对托梁刚度对计算长度影响的研究表明，当弹簧刚度满足 $K = \dfrac{4N_{cr}}{L}$ 关系时，钢支撑计算长度取单跨长度值。

（2）通过对构件半刚性连接节点对计算长度影响的研究表明，半刚性节点对支撑计算长度有较大影响，节点刚度越大，计算长度越接近于 1 倍杆件长度，当支撑接头刚度 m 等于 20 时，支撑计算长度小于 1.05。同时，接头位置对支撑计算长度也有较大影响，接头位置越接近于支撑中部，支撑计算长度越大，对于同一节点刚度，接头位置位于支撑中点处，支撑计算长度最大。

（3）通过对钢支撑组合体系平面稳定性的研究表明，组合体系连杆位置对支撑计算长度有较大影响，连杆均匀布置时（$\alpha = 2$），支撑计算长度最小。连杆位置确定的情况下，连杆长度越小,连杆线刚度越大,支撑计算长度越小。当连杆均匀布置时,支撑计算长度小于 0.4(半跨钢支撑)。

(4)通过对立柱隆起对支撑受力性能影响的研究表明,立柱隆起时,钢支撑会产生附加弯矩,可采用结构力学的方法求解。

(5)通过对温度变化对支撑受力性能影响的研究表明,温度变化引起的钢支撑轴力变化值之间存在 $N=\dfrac{\alpha\Delta t L}{\dfrac{(1+\alpha\Delta t)L}{EA}+\dfrac{k_1+k_2}{k_1 k_2}}$ 的等式关系,表明单位温度轴力变化量与支撑长度和土弹簧刚度有关,支撑长度越大,土弹簧刚度越大,单位温度轴力变化量越大。

(6)通过对安装误差对支撑受力性能影响的研究表明,轴力在安装误差上产生的次生弯矩,当相邻误差交错分布于杆轴线两侧时达到最大,因此安装时要尽量避免这种情况。安装误差产生的次生弯矩与轴力大小和托梁刚度有关,轴力越大、托梁刚度越小,产生的次生弯矩越大。

(7)通过对轴力补偿对支撑力学性能影响的研究表明,相同土层条件下,预加轴力越大,钢支撑刚度提高越大,基坑变形越小。预加轴力相同、土层不同时,钢支撑刚度提高的程度不同,砂土层中提高程度最大。

第 3 章

基坑补偿装配式 H 型钢结构内支撑设计方法

3.1 概述

3.1.1 国外钢支撑设计方法概述

钢支撑在世界各地的基坑工程中都有应用。其中日本的钢支撑设计较有代表性。日本钢支撑设计依据日本道路协会编制的《道路土工临时建筑物工程指南》，设计采用容许应力法。在日本钢支撑的设计中，仅考虑温度应力造成钢支撑轴力的增加，不考虑基坑开挖立柱隆起造成的支撑弯矩及支撑轴力在支撑施工误差产生的次生弯矩。对于拼装钢支撑半刚性节点对支撑计算长度的影响也未考虑。

在日本的钢支撑设计时，先通过基坑开挖分析软件模拟支撑开挖工况，得到支撑每延米轴力。接着利用规范提供的图表确定各根钢支撑的轴力及该钢支撑构件的计算长度，再应用柱子压弯公式对各个钢支撑构件的强度及稳定性进行逐一分析。钢支撑的轴力需考虑土压力外及温度造成的轴力增加，弯矩只考虑因为支撑自重和活载而产生的弯矩，并未考虑基坑开挖立柱隆起造成的支撑弯矩，也忽略了支撑轴力在支撑施工误差上产生的二次弯矩。

这种设计方法的缺陷在于缺少对基坑支撑体系的整体分析。由于日本的地质情况较好，基坑面积较小且规则，因此采用这种方法计算得到的支撑荷载与真实情况出入不大，尚能满足要求。但如果基坑面积较大且不规则，采用该方法设计会使支撑荷载与真实情况有较大的出入，使得设计偏于危险。

3.1.2 国内钢支撑设计方法概述

我国钢支撑现阶段主要应用于明挖地铁车站、地下隧道及综合管廊基坑的 $\phi609$ 钢管支撑。其设计主要需遵循国家现行标准《建筑基坑支护技术规程》JGJ 120—2012 及《钢结构设计标准》GB 50017—2017 的相关规定。

《建筑基坑支护技术规程》JGJ 120—2012 提出在温度改变引起的支撑结构内力不可忽略不计时，应考虑温度应力，对于温度应力的数值，规范认为超过 40m 长钢支撑，应考虑 10%～20% 轴力的温度应力。但在实践中 10%～20% 轴力的温度应力变化范围过大，且缺乏理论依据。

《建筑基坑支护技术规程》JGJ 120—2012 还提出当支撑立柱下沉或隆起量较大时，应考虑立柱与挡土构件之间差异沉降产生的作用。但规范并没有明确如何界定"下沉或隆起量较大"及如何计算差异沉降产生的作用。

对于施工偏心误差，《建筑基坑支护技术规程》JGJ 120—2012 提出偏心距不宜小于支撑计算长度的 1/1000，对钢支撑不宜小于 40mm。该项规定针对支撑跨中偏心距，对于施工精度不高的传统钢支撑是合适的。但对于新型 H 型钢支撑体系，40mm 偏心误差过大。根据施工经验，新型 H 型钢支撑可以将偏心距控制在 1/500 以内。

国内钢支撑设计方法，主要应用于采用 ϕ609 钢管支撑的地铁车站等狭长型基坑。由于这些基坑的钢支撑一般作为对撑独立设置，不形成桁架体系。因此，其设计方法与国外基本一致。即先通过基坑开挖分析软件模拟支撑开挖工况，得到支撑每延米轴力。接着根据支撑轴力和计算长度验算单根支撑稳定性。这种方法对于简单的狭长型基坑是基本适用的，但对于复杂基坑则力不从心。

3.1.3 新型 H 型钢支撑设计方法

综合国内外钢支撑设计方法。新型 H 型钢支撑设计方法分为三个步骤。

第一步为概念设计，即先通过基坑开挖分析软件模拟支撑开挖工况，得到支撑每延米轴力，然后在考虑立柱隆起、施工误差、温度应力及节段接头等影响因素的基础上，根据单根支撑强度及稳定性初步估计支撑间距及立柱设置间距。

第二步为初步设计，即根据初步估计支撑和立柱间距完成支撑体系初步设计。

第三步为深化设计，即采用有限元杆系软件对支撑体系进行整体内力计算，得到钢支撑体系的轴力、剪力和弯矩分布。再利用整体计算得到钢支撑内力，在考虑立柱隆起、施工误差、温度应力及节段接头等因素的前提下，对钢支撑和节点的强度和稳定性进行计算分析。如局部钢支撑布置难以满足强度及稳定性要求，则需要调整钢支撑布置并重新计算，直到整个钢支撑体系都满足要求为止。

钢支撑设计方法的第三步是钢支撑设计的核心技术，本章主要介绍第三步深化设计中的支撑体系整体设计方法、构件和节点设计方法。

3.2 钢支撑体系与整体分析方法研究

新型 H 型钢支撑体系与传统钢管支撑体系不同，不能照搬传统钢管支撑的设计思路和方法。同时，国外的设计方法不适合中国的规范要求，且设计方法过于简单，如日本的设计方法将整个基坑支护结构简化为二维剖面进行计算，然后依据二维剖面计算得到的平均轴力，通过计算长度法验算钢支撑的稳定，这种方法对支护结构简化严重，仅适用于土质均匀、基坑形状规则的工程。所以，在新型 H 型钢支撑体系应用之前，需要研究适合新型 H 型钢支撑体系的设计方法。

3.2.1 钢支撑体系组成

新型 H 型钢支撑体系构造如图 3.2-1 所示，由钢支撑、钢围檩、八字撑、连杆、立柱和千斤顶等组成。钢支撑、钢围檩、八字撑、连杆均为模数化的 H 型钢构件，钢构件之间全部采用螺栓连接。立柱一般为 H 型钢柱、格构柱和圆钢管柱。围护结构为钻孔灌注桩、SMW 工法桩、钢板桩等形式。

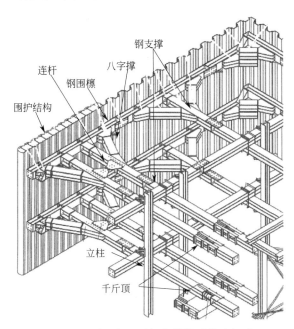

图 3.2-1　新型 H 型钢支撑体系构造组成

为了便于钢支撑安装和均匀受力，一般均设置钢围檩与钢支撑相连，图 3.2-1 中可以看到，钢围檩安装在牛腿上，牛腿通过埋件安装在围护桩上，钢围檩与围护桩直接相连，缝隙处用细石混凝土填充密实，保证钢围檩和围护之间无缝隙，传力均匀。当围护桩设置混凝土围檩时，钢围檩直接与混凝土围檩相连，连接方法与钢围檩和围护桩连接相同。

钢支撑与钢围檩直接通过端头的螺栓连接。钢支撑、钢围檩节段之间通过盖板和螺栓连接。双向钢支撑体系承受水平面内两个方向传递的土压力，双向钢支撑中钢构件只受轴力，在交叉节点处，上层钢支撑直接放置在下层钢支撑上。上下层钢支撑在相交节点采用控位件连接，形成竖向约束节点，只传递竖向力和变形、轴向自由变形和自由传力。

八字撑能减小钢围檩的弯矩和变形，增大钢支撑的支撑范围，八字撑能使传递在围檩上的土压力传递到钢支撑上。图 3.2-1 中可以看到，八字撑一端与钢围檩连接，一端与钢支撑连接，斜撑与钢支撑连接采用节点件。八字撑与钢围檩连接的位置，缝隙处用细石混凝土填充密实。

图 3.2-1 中可以看到，单根 H 型钢之间采用连杆连接，增强了钢支撑的整体性。形成桁架体系，增强体系的稳定性。

千斤顶采用螺栓安装在 H 型钢支撑上，基坑工程结束前不取出，安装位置根据基坑特点进行布置。基坑开挖前施加预加力，控制基坑的变形。

图 3.2-2 为钢支撑与立柱的连接。立柱是钢支撑的竖向承重体系，钢支撑放置在系杆上，系杆焊接在牛腿上，牛腿焊接在格构柱上。系杆成为钢支撑的安装支座，在系杆上安装限制钢支撑水平和竖直方向的限位装置。

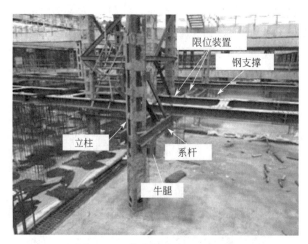

图 3.2-2　钢支撑与立柱的连接

这一系列的构件和构造组成了新型 H 型钢支撑体系，使得该体系传力明确、受力安全、施工便捷，对该体系的设计进行研究就是对整体和相应组成构件的设计进行研究。

3.2.2　钢支撑体系整体分析方法

国外钢支撑设计时将结构过于简化，不利于钢支撑的设计和施工安全。以日本的钢支撑设计为例，日本在进行钢支撑受力分析时，进行剖面验算计算出支撑的平均受力情况，然后以此平均受力值按计算长度法进行钢支撑稳定性验算。日本的简化计算可得到钢支撑平均受力情况，适用于地质均匀、基坑比较规则的工程，此时钢支撑体系不易发生局部受力过大、转动变形等不均匀受力和变形的情况。但当地质不均匀或基坑不规则时，利用此设计方法无法得到最危险杆件的受力值，不能按最不利受力情况进行设计，为钢支撑的实际应用留下安全隐患。因此，在国内进行新型 H 型钢支撑结构体系应用时，有必要对其整体受力和变形情况进行研究，以保证新技术的安全应用。

1. 分析工况

在进行新型 H 型钢支撑设计时，需要充分考虑必须分析的工况，因为工况的选取直接影响最不利受力情况的判定，从而影响设计的安全性与经济性，因此在钢支撑结构体系设计中首先需要考虑施工工况的选择。

（1）土方开挖工况

土方开挖工况与钢支撑布置方案相互影响，支撑太密不利于土方开挖且不经济；支撑间距大有利于土方开挖，但是支撑受力大、围护结构变形大不利于安全，所以需要比选出最优的土方开挖工况或支撑布置方案，使得基坑设计安全、经济。

根据《建筑基坑支护技术规程》JGJ 120—2012 第 4.9.12 条规定：

① 支撑与挡土构件连接处不应出现拉力；

② 支撑应避开主体地下结构底板和楼板的位置，并应满足主体地下结构施工对墙、柱钢筋连接长度的要求；当支撑下方的主体结构楼板在支撑拆除前施工时，支撑底面与下方主体结构楼板间的净距不宜小于 700mm；

③ 支撑至坑底的净高不宜小于 3m；

④ 采用多层水平支撑时，各层水平支撑宜布置在同一竖向平面内，层间净高不宜小于 3m。

如图 3.2-3 所示，土方开挖工况的比选可依据此规定，结合地下室结构施工方案，然后根据"先撑后挖、随挖随撑、严禁超挖"的原则，不断调整支撑水平方向和竖直方向的间距，综合考虑基坑变形、支撑轴力和经济性的关系，最终选出综合效益最好的土方开挖工况和支撑布置方案作为后续设计的初步方案。

在此工况中，需要计算钢支撑施加预加轴力后每延米的轴力值，为钢支撑分析工况提供荷载值（土压力）。

工况1：开挖至-1.70(深1.70)m　　工况2：在-1.20(深1.20)m处安装第1道支撑(锚)　　工况3：开挖至-5.55(深5.55)m

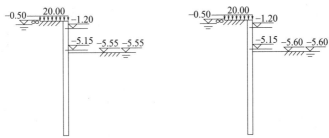

工况4：在-5.15(深5.15)m处安装第2道支撑(锚)　　工况5：开挖至-5.60(深5.6)m

图 3.2-3　土方开挖工况图

（2）钢支撑分析工况

在完成土方开挖工况的计算后，需进行钢支撑整体分析工况，在此分析工况中包括自重子工况、荷载子工况（未施加预加轴力）、预加轴力子工况、组合工况等的工况分析。

在钢支撑分析工况中，首先需要建立如图 3.2-4 所示模型，该模型中包括围檩、支撑、支撑间连杆、栈桥等构件，同时需要设置相应附属构造的模拟，模拟方式通过研究确定。然后以此模型进行各子工况的分析，以得到支撑的最不利受力值。

1）自重子工况

完成建模后，一般第一个子工况为自重子工况，进行自重下结构受力和变形的计算。以此检验模型建立是否正确，模型的约束等效处理是否正确，然后再根据模型自重下弯矩、变形等值初步判定支撑的平面布置是否合理。

当支撑间距较小、托梁间距合理时，这一子工况的验算可以省略。

2）荷载子工况（未施加预加轴力）

荷载子工况主要是指模拟基坑土方开挖的工况。在此子工况中，围檩受到的土压力荷载取土方开挖工况下各道支撑中轴力最大值，然后计算分析土压力作用下支护体系的变形和受力，如图 3.2-5 所示。

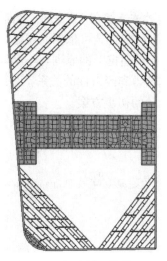

图 3.2-4　钢支撑整体模型图

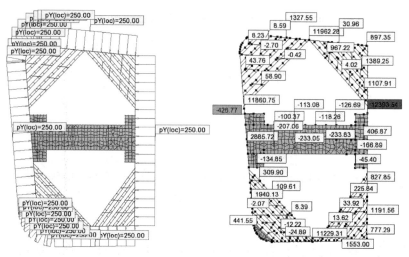

图 3.2-5　荷载子工况加载和内力图

当基坑围护范围内地层情况变化较大时，应分别计算各基坑剖面处支撑的轴力，然后以此作为土压力施加于围檩上，分析钢支撑此时的受力、变形情况。

荷载子工况计算得到的每根支撑的轴力值，作为计算预加轴力设计值的参考，为预加轴力子工况提供计算依据。

3）预加轴力子工况

一般混凝土支撑的设计计算中没有这个工况，预加轴力子工况是钢支撑特有的工况。在钢支撑体系整体分析法的研究中，之所以需要单独进行预加轴力子工况的研究，是因为在施加预加轴力时基坑还未开挖，预加轴力会使围护结构向外变形，需要验算此时的变形量是否会影响周边环境的安全。同时，在型钢支撑与混凝土支撑组合而成的支撑体系中，预加轴力的施加顺序会影响钢筋混凝土支撑的受力，可以通过预加轴力子工况的分析确定各钢支撑的轴力施加的顺序和大小，所以在研究组合工况（开挖＋施加预加轴力工况）前，有必要在整体分析方法中研究预加轴力子工况。

在该工况中，因为有限元软件中没有千斤顶单元，所以需要研究预加轴力的模拟方式，详细的研究在"构造模拟"中进行。通过研究，一般通过膨胀荷载或者温度荷载来模拟预加轴力，如图 3.2-6 所示，在施加完成后进行计算，分析支撑体系和围檩的受力及变形，然后调整预加轴力的值再进行计算，直至该工况下体系的受力、变形合理为止。试算的预加轴力值可按规范要求，取荷载子工况中各钢支撑轴力值的 0.5～0.8 倍进行设置。

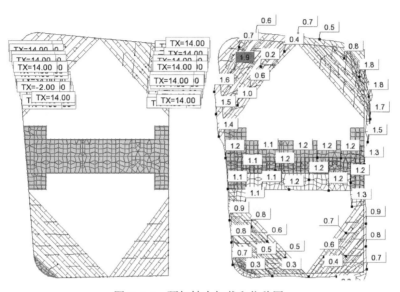

图 3.2-6　预加轴力加载和位移图

4）组合工况（土方开挖＋预加轴力）

在预加轴力子工况确定了合适的预加轴力后，对整体模型同时施加土压力和预加荷载，进行模拟计算实际情况中钢支撑施加预加轴力后基坑开挖的受力、变形情况如图 3.2-7 所示。

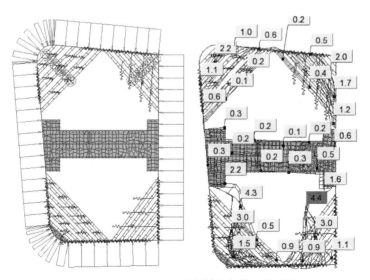

图 3.2-7　土压力、预加轴力加载和位移图

通过组合工况计算可以得到每一根支撑的轴力值，一般与"土方开挖工况"计算得到的轴力值相差较大，这就是需要进行整体分析的原因。一般选取此时支撑中的最大轴力作为支撑轴力设计值，进行钢支撑构件的设计。若希望设计更经济，也可以根据每一根支撑不同的轴力值，对各自进行钢支撑构件设计。同时，在整体分析中无法充分考虑施工误差、立柱隆起对受力的影响，这些因素都需要在钢支撑构件设计中考虑。

2. 构造模拟

整体分析方法的使用中，为使计算效率提高，一般将三维模型简化为二维平面模型进行分析。但是这样的简化会导致竖直方向的构件和约束关系无法在二维模型中建立，所以需要在整体分析方法中研究各种构件、节点、土体、预加力等的模拟形式，以使计算结果准确。

（1）被动土模拟

因为将三维模型简化为二维平面模型，在二维平面模型中并没有建立土单元，所以原始的二维平面模型中不存在土体和围檩的相互作用，需要将土体与围护结构中的相互作用关系进行等效模拟。通过对土体和围护结构的作用关系进行研究发现，土体对围护结构的作用力分为三种：静止土压力、主动土压力、被动土压力。一般基坑开挖分析中会涉及主动土压力和被动土压力，所以需要对这两种土压力进行等效模拟。发生主动土压力时，围护是向基坑内变形，此时土体对围护仅体现为荷载作用，没有变形约束作用，可以直接采用施加于围檩结构的荷载进行模拟。但是发生被动土压力时，围护结构向基坑外侧变形，土体不仅会对围护结构产生荷载作用，同时会对围护结构产生位移约束作用，所以这种作用关系不能单纯采用荷载进行模拟，需要研究新的模拟方式。

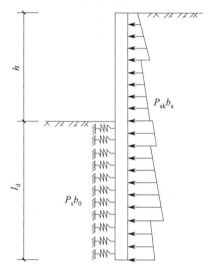

图 3.2-8　弹性支点法计算图

因为被动土的这种特性，所以在《建筑基坑支护技术规程》JGJ 120—2012 中，支挡结构的设计时将被动土体假设为弹簧进行处理，如图 3.2-8 所示。受规范对被动土体简化方式的启发，我们在整体分析方法中也可将土体对围护结构的作用用弹簧来模拟。但是土体具有"受压不受拉"的特性，所以不能采用一般的弹簧进行模拟，需要采用特殊的单向弹簧进行模拟，即当围檩向基坑内运动时，不受该弹簧的约束。

研究表明，围檩向基坑外的变形不仅受其对应部位的被动土体的约束，还受围檩以上及以下被动土体的约束，所以当整体分析方法中将三维问题简化为平面问题后，单向弹簧的刚度计算需包含相邻部位土体的刚度，计算公式如下：

$$K = \int_{z_1}^{z_2} k_s \mathrm{d}z$$

式中　k_s——基坑外侧土的水平反力系数（kN/m^3）；

z_1——该道支撑与上一道支撑中点位置距地面的深度（m），若为首道支撑则取 0；

z_2——该道支撑与下一道支撑中点位置距地面的深度（m），若为最后一道支撑则取其与坑底间中点位置处的深度值。

k_s——根据《建筑基坑支护技术规程》JGJ 120—2012 第 4.1.5 条进行计算：

$$k_s = m(z-h)$$

式中　m——土的水平反力系数的比例系数（kN/m^4），可按现行行业标准《建筑基坑支护技术规程》JGJ 120—2012 第 4.1.6 条进行计算或根据当地经验取值；

　　　z——计算点距地面的深度（m）；

　　　h——计算工况下的基坑开挖深度，由于规范中第 4.1.5 条是进行坑内侧土的水平反力系数计算，所以与基坑开挖深度有关，而我们需要求解的是基坑外侧土的水平反力系数，与开挖深度无关，所以此处 $h=0$。

对涉及多层土的，需对每层土按《建筑基坑支护技术规程》JGJ 120—2012 式 4.1.5 计算后求和得到被动土体的等效弹簧刚度；对单一土层，将《建筑基坑支护技术规程》JGJ 120—2012 式 4.1.5 代入后可得被动土体等效弹簧刚度的计算公式：

$$K = \frac{m(z_2^2 - z_1^2)}{2} - mh(z_2 - z_1)$$

《建筑基坑支护技术规程》JGJ 120—2012 第 4.1.6 条：

土的水平反力系数的比例系数宜按桩的水平荷载试验及地区经验取值，缺少试验和经验时，可按下列经验公式计算：

$$m = \frac{0.2\varphi^2 - \varphi + c}{v_b}$$

式中，c、φ 分别为土的黏聚力（kPa）、内摩擦角（°）；v_b 为挡土构件在计算点处的水平位移量（mm），当此处的水平位移不大于 10mm 时，可取其等于 10mm。

在有限元软件中，创建单向弹簧，弹簧刚度设置为相应位置计算所得的 K 值，单向弹簧的不受力方向设置为向坑内的方向即可在整体分析法中完成被动土的模拟。

（2）双向接头模拟

因为钢筋混凝土支撑一般横截面较大、支撑刚度大，抗施工误差和轴线位置偏差的能力强，因此钢筋混凝土支撑均设计为同一道支撑的各方向杆件共节点的形式。此种节点形式时，同一道混凝土支撑结构，纵横方向支撑处于同一平面，如图 3.2-9 所示，所以在数值计算时认为通过该节点的所有杆件均为固接，建模时一般不需做特殊处理。

图 3.2-9　混凝土支撑纵横向布置图

传统的钢支撑设计沿用混凝土支撑的设计思路，同一道支撑的纵横向的杆件共用一个节点，即相关连接节点，如图 3.2-10 所示。该种构造在进行数值模拟的时候同样不需要进行特殊处理，默认各杆件在共用节点上固接。

图 3.2-10　混凝土支撑纵横向布置图

但是，对于钢支撑而言，一般侧向刚度较差，采用固接节点会出现横向钢支撑轴向变形时导致纵向钢支撑侧向变形，使得纵向钢支撑产生附加弯矩，从而轴向抗压能力大大降低。同理，纵向钢支撑发生轴向变形时也会影响横向钢支撑的受力，所以这样的节点构造容易出现安全问题。

新型 H 型钢支撑体系中，研发出一种新型的节点构造，避免了这种节点构造的缺陷。新型 H 型钢支撑体系的这类节点，是将横向支撑与纵向支撑错开一定的高度，使得一个方向（横向）的支撑上表面与另一方向（纵向）支撑的下表面紧贴，并通过特殊的节点构造使得在节点位置各水平向钢支撑可以自由轴向变形，但是竖直方向相互约束、共同变形，如图 3.2-11 所示。

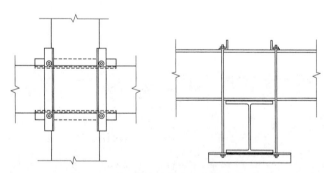

图 3.2-11　纵横向钢支撑相交节点图

新型 H 型钢支撑的这种节点构造可以很好地解决传统钢支撑的连接构造导致的问题，但是在数值模拟时需要对这些节点做特殊处理，使得在该节点处两个方向的杆件侧向可以各自变形而不相互影响，但是竖直方向共同变形，否则计算结果将与实际情况差异很大。对于这种节点构造，大部分有限元软件可以实现这样的约束关系，只是各种软件的设置方法不同，以欧特克的结构计算软件 Robot 为例，可以利用相容节点的设置来实现双向接头的模拟。

相容节点为在原始节点处生成的新节点，新节点与原始节点间可以设置自由度的关联性，得到满足新构造自由度要求的节点关系。图 3.2-12 为相容节点设置参数图，可以设置该相容节点与其他节点的自由度关联性，选中即为关联，不选中即为自由，图 3.2-13 设置即为该相容节点与原节点 Z 方向共同变形。图 3.2-13 将设置好的相容节点赋值于纵横杆件交错的节点处，第一个节点编号"310"为原节点编号，第二个节点编号"1333"为相容节点编号，表明在原节点的基础上增加了一个编号为"1333"的相容节点，第二个节点编号后边的字母"ffxfff"表示相容节点的约束属性，"f"表示自由，"x"表示共用该自由度，其中前三位表示位移自由度，后三位表示角度自由度。同时在图 3.2-13 的视窗右下角可以选择该相容点属于哪一根杆件，方便进行其他设置。通过这样的设置操作后，便在相应节点实现了双向接头的模拟。

图 3.2-12　相容节点设置参数图

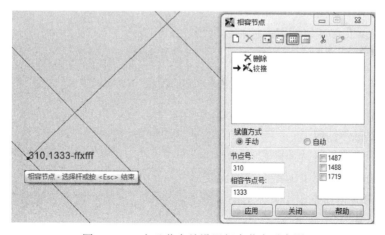

图 3.2-13　交叉节点处设置相容节点示意图

（3）钢立柱模拟

钢立柱一般垂直于支撑所处的平面，在整体分析方法中，三维问题简化为平面问题后，大部分有限元软件无法按其实际尺寸建模，所以为了在平面模型中实现钢立柱与结构体系的相互作用关系，需要研究钢立柱对钢支撑的约束作用的模拟方式。

在钢支撑体系组成中对构件间的传力和约束关系进行了说明：立柱间设置了钢托梁，钢托梁与立柱形成门式框架，共同约束钢支撑侧向的变形。因为有约束变形的作用，所以可以通过弹簧来进行模拟钢立柱、托梁与钢支撑之间的相互作用关系，对应弹簧的刚度可根据钢立柱与托梁组成的门式框架结构计算得出。

同时，在立柱对应位置设置弹簧时，需要注意弹簧轴线与支撑轴线的夹角要与托梁与支撑的夹角相同，以保证约束关系的准确性。

（4）预加轴力模拟

新型 H 型钢支撑体系的关键在于千斤顶施加预加轴力并保留在支撑端部，保证预加轴力基本不受损失，所以在整体分析法中需要真实地模拟出实际情况中每一个支撑千斤顶预加的轴力，以准确反应体系内部各杆件间受力、变形的相互影响以及与土体作用的相互影响。但是，一般有限元软件除了预应力锚索外没有千斤顶或者预应力钢构件用以模拟千斤顶预加轴力的施加，所以在整体分析方法中还需要研究预加轴力的模拟方式，利用等效的处理来实现补偿轴力的模拟。

由于千斤顶保留在钢支撑端部，所以千斤顶施加预加轴力过程中长度增加的过程，可以看成钢支撑膨胀从而使钢支撑与围护结构在开挖前存在相互作用力的过程，所以对预加轴力的模拟关键在于膨胀的模拟。因此，预加轴力的模拟一般通过两种方式来等效处理，一种是施加等效的温度荷载，另一种是施加等效的膨胀变形。

1）等效温度荷载计算

计算等效温度荷载时，假设钢支撑两端轴向方向不可变形，则可根据材料的膨胀系数计算出相应的等效温度荷载，其计算过程如下：

自由膨胀时：$\Delta L_1 = \alpha \cdot \Delta T \cdot L$

式中　α——钢材线膨胀系数，取 0.000012/℃；

　　　ΔT——温度变化值；

　　　L——钢支撑长度；

　　ΔL_1——温度变化导致的钢支撑轴向变形。

杆件两端受轴向力时：

$$\Delta L_2 = \frac{F}{EA} \cdot L$$

式中　F——钢支撑端部施加的预加轴力；

　　　E——钢材弹性模量；

　　　A——钢支撑材料截面面积；

　　ΔL_2——轴向力作用下的钢支撑轴向变形。

在钢支撑两端轴向方向不可变形的假设下，令 $\Delta L_1 = \Delta L_2$ 求得等效温度荷载为：

$$\Delta T = \frac{F}{EA\alpha}$$

将计算得到的等效温度荷载设置在有限元模型中对应杆件上即可完成该根钢支撑补偿轴力的模拟。

2）等效膨胀变形计算

通过等效膨胀变形来模拟补偿轴力时，有两种方式：一是整根钢支撑施加膨胀荷载，二是取一段（如单位长度）进行施加膨胀荷载。第一种方法计算较直接，等效膨胀荷载即为等效温度荷载中计算的 ΔL_2，将其施加于整根钢支撑上即可完成补偿轴力的模拟。第二种方法是通过截取一定长度的杆件，在该杆件上施加膨胀变形致使剩余杆件产生压缩变形，从而模拟出预加轴力，其膨胀变形值的计算如下：

根据变形协调条件，可有如下等式：

$$\Delta L_3 - \frac{F}{EA} \cdot 1 = \frac{F}{EA}(L-1)$$

式中　ΔL_3——单位杆件段施加的膨胀变形。

将上式移项可得：

$$\Delta L_3 = \frac{F}{EA}(L-1) + \frac{F}{EA} \cdot 1 = \frac{F}{EA} \cdot L = \Delta L_2$$

所以，无论是采用整根钢支撑施加膨胀变形来模拟补偿轴力，还是采用支撑中某节段施加膨胀变形来模拟补偿轴力，其施加的膨胀变形的值为定值，均为整根钢支撑在相应预加轴力作用下的压缩变形量。

但是，在研究和实践中发现，预加轴力在第一次施加之后会有所损失，需要进行补偿。对该问题进行深入分析后发现，土体的刚度并非无限大，在钢支撑施加预加轴力后，土体会产生向基坑外变形，这便不能对钢支撑形成固接约束，所以按以上两种方法计算施加的预加轴力，待变形协调后将小于预加轴力设计值，因此需要进行轴力补偿。在整体分析方法中，可以多次施加预加轴力将支撑轴力调整到设计值，为了减少模型中预加轴力调整的次数，也可按下列过程较准确地计算初始加载值：

假设钢支撑两端土体为弹簧，弹簧刚度分别为 k_1 和 k_2，则初始预加力、弹簧刚度、支撑长度、最终剩余轴力值存在下列等式关系：

$$s_1 = \frac{F_{初}}{EA} \cdot L$$

$$s_2 = \frac{F_{终}}{EA} \cdot L$$

$$s_3 = \frac{F_{终}}{k_1}$$

$$s_4 = \frac{F_{终}}{k_2}$$

由变形协调关系有 $s_1 = s_2 + s_3 + s_4$，则将以上等式代入变形协调关系中整理后得出：

$$F_{终} = F_{初}\frac{k_1 k_2 L}{k_1 k_2 L + EA k_2 + EA k_1}$$

所以，在整体分析法中可以通过最终要达到的轴力值换算较准确的初始预加轴力值，达到减少补偿次数的目的。

3.3 钢支撑构件设计方法研究

构件设计是钢支撑设计方法的核心。其作用在于：

（1）在支撑体系设计前初步确定支撑体系参数，如支撑布置形式、间距、支撑立柱设置间距等。

（2）在支撑整体分析结束得到构件内力后，对构件内力进行复核，验证构件强度和稳定性是否满足设计要求。

本书在第 2 章中研究了立柱隆起、施工误差、温度应力及节段接头刚度对钢支撑力学性能的影响，并得到相应理论计算公式或分析方法。本节中，将结合新型 H 型钢支撑实际的工作条件，研究新型 H 型钢支撑构件设计方法。

3.3.1 H 型钢支撑构件设计方法研究

1. 钢支撑构件内力分析

H 型钢支撑构件并不是简单的理想轴心受压构件。根据本书第 2 章的分析，钢支撑的内力合计有以下七种：

①土压力传来的支撑轴力 N_1；

②气温变化产生的轴力 N_T；

③支撑自重产生的弯矩 M_1；

④支撑上活载产生的弯矩 M_L；

⑤支撑体系整体变形产生的弯矩 M_Z；

⑥基坑开挖立柱隆起产生的弯矩 M_R；

⑦支撑轴力在支撑施工误差上产生的次生弯矩 M_C。

其中第①、第③、第④及第⑤种荷载可以由支撑整体分析得到。但由于支撑整体分析的局限性，无法考虑立柱隆起、施工误差、温度应力等因素，因此第②、第⑥和第⑦种荷载必须采用第 2 章提出的分析方法并结合基坑和钢支撑施工的具体情况加以考虑。

（1）气温变化产生的轴力 N_T

根据第 2 章得到的理论公式，气温变化产生的轴力 N_T 与支撑长度和土体刚度相关。根据实践经验，软土地区支撑后靠土体刚度变化范围为 $5 \times 10^4 \sim 5 \times 10^5$ kN/m。而支撑长度一般介于 $30 \sim 120$m。根据公式计算可以得到此条件下因为气温变化而产生的单位摄氏度轴力变化如表 3.3-1 所示，具体设计时可根据具体条件确定。

单位摄氏度轴力变化表（kN） 表 3.3-1

弹簧刚度 k (10^4 kN/m)	支撑长度（m）				
	30	50	70	100	120
5	7.6	11.6	14.8	18.8	22.9
10	13.3	18.8	22.9	27.4	31.5
20	21.0	27.4	31.5	35.4	38.7
50	32.3	37.7	40.6	43.1	44.9

（2）立柱隆起产生的弯矩 M_R

立柱隆起在钢支撑构件上产生的弯矩 M_R 按第 2 章提出的分析方法确定。根据工程统计，典型基坑坑底钢立柱隆起曲线如图 3.3-1 所示。坑底隆起的特点是基坑中部立柱隆起数值基本一致，靠近坑边立柱隆起较小。由于立柱间距为 8~12m，靠近基坑边的第一立柱隆起约在中部隆起的 60%，偏于安全，设计考虑隆起数值为中部立柱隆起的 80%。而根据工程经验，基坑开挖深度为 10~20m，立柱隆起在 4~6cm，当立柱隆起超过 6cm 时需采取应急预案处理。因此基坑中部立柱隆起为 4~6cm。

根据以上工程经验，为便于设计应用，设置最大隆起 6cm、5cm 和 4cm 三种隆起模式，分别为：

1）模式 1：$\{\Delta_1, \Delta_2, \cdots, \Delta_{n-1}, \Delta_n\} = \{0.05, 0.06, \cdots, 0.06, 0.05\}$；

2）模式 2：$\{\Delta_1, \Delta_2, \cdots, \Delta_{n-1}, \Delta_n\} = \{0.04, 0.05, \cdots, 0.05, 0.04\}$；

3）模式 3：$\{\Delta_1, \Delta_2, \cdots, \Delta_{n-1}, \Delta_n\} = \{0.03, 0.04, \cdots, 0.04, 0.03\}$。

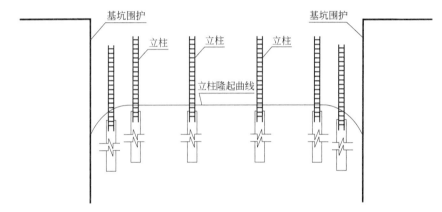

图 3.3-1　基坑造成典型立柱隆起曲线

经过计算，在三种立柱隆起模式下，钢支撑弯矩分布如图 3.3-2 所示。支撑弯矩主要分布在第一、二跨范围内。最大弯矩发生在支座 1，即最靠近坑边的立柱位置。

图 3.3-2　立柱隆起典型弯矩分布模式

考虑支撑截面为 H400×400×13×21，支撑单跨为 8~12m，可以计算得到立柱隆起弯矩如表 3.3-2 所示。设计时可根据支撑跨度和隆起模式查表得到立柱隆起造成的支撑弯矩 M_R。

立柱隆起弯矩 M_R（kN·m）　　　　　　　　　　　表 3.3-2

跨度 \ 支座模式	模式 1		模式 2		模式 3	
	支座 1	支座 2	支座 1	支座 2	支座 1	支座 2
8	129	0	94.2	3	60	18
10	83	0	60.3	3	38	12

支座模式 跨度	模式 1		模式 2		模式 3	
	支座 1	支座 2	支座 1	支座 2	支座 1	支座 2
12	51.2	0	42	4	26.5	8
14	42	0	30.8	3	20	6

（3）轴力在施工误差上产生的次生弯矩 M_C

由第 2 章相关分析内容可知，考虑轴力在施工误差上产生的次生弯矩和支撑轴力、支撑支承刚度和施工误差相关。

1）支撑轴力按 3000kN 选取，因为通过计算，该轴力接近支撑极限承载力，一般支撑工作状态下轴力均小于该数值。

2）支撑的支承刚度根据 2.3 节"托梁刚度对钢支撑计算长度的影响"的研究成果选取，使得钢支撑屈曲曲线取"波浪线"时最小支撑刚度 $K = \dfrac{4N}{L}$。

3）根据 2.3 节结论，施工误差交错分布于支撑两端时得到最大次生弯矩。该情况虽然在实际施工中应尽量避免，但设计时以该工况作为最大次生弯矩计算工况。根据国家现行标准《建筑基坑支护技术规程》JGJ 120—2012，钢支撑施工误差不宜小于 4cm，因此考虑误差模式为 +2cm/−2cm，分布于支撑两侧。如图 3.3-3 所示。

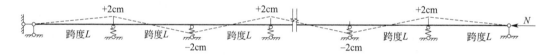

图 3.3-3　钢支撑施工误差模式

由以上条件，同时支撑截面取为 H400×400×13×21，支撑单跨跨度为 8～12m，则得到次生弯矩 M_R 如表 3.3-3 所示。设计时采用查表法选用。

次生弯矩 M_R（kN·m）　　　　　　　　　　　　表 3.3-3

跨度（m）	$N = 3000\text{kN}$	
	支座 1	支座 2
8	42	−57
10	38	−53
12	34	−49
14	30	−45

2. 钢支撑构件稳定性和强度设计

由于支撑构件既存在支撑轴力，又存在弯矩，因此 H 型钢支撑构件是典型的压弯构件。必须按钢结构压弯构件的计算方法分析其构件稳定性和强度。

参考钢结构压弯构件稳定性计算公式，可得到基坑钢支撑构件稳定性和强度计算公式。

（1）弯矩作用平面内稳定

$$\frac{N_C}{\varphi_x A}+\frac{\beta_{mx}M_{Cx}}{\gamma_x W_{1x}\left(1-0.8\dfrac{N_C}{N'_{Ex}}\right)}\leqslant f$$

式中　N'_{Ex}——参数，$N'_{Ex}=\dfrac{\pi^2 EA}{1.1\lambda_x^2}$；

$\qquad\varphi_x$——弯矩作用平面内的轴心受压构件稳定系数；

$\qquad W_{1x}$——在弯矩作用平面内对较大受压纤维的毛截面模量；

$\qquad\beta_{mx}$——等效弯矩系数，端弯矩与自重荷载使构件产生同向曲率时 $\beta_{mx}=1$；产生
　　　　　反向曲率时 $\beta_{mx}=0.85$；

$\qquad N_C$——支撑组合轴力，$N_C=N_1+N_T$；

$\qquad M_{Cx}$——所计算构件段范围内的组合弯矩，组合弯矩为自重弯矩 M_1、活载弯矩
　　　　　M_L、整体变形弯矩 M_Z、立柱隆起弯矩 M_R 和施工误差次生弯矩 M_C 的
　　　　　叠加。

（2）弯矩作用平面外稳定

$$\frac{N_C}{\varphi_y A}+\eta\frac{\beta_{tx}M_{Cx}}{\varphi_b W_{1x}}\leqslant f$$

式中　φ_y——弯矩作用平面外的轴心受压构件稳定系数；

$\qquad\varphi_b$——均匀弯曲的受弯构件整体稳定系数；

$\qquad\eta$——截面影响系数，对于 H 型钢取 1.0；

$\qquad\beta_{tx}$——等效弯矩系数，端弯矩与自重荷载使构件产生同向曲率时 $\beta_{tx}=1$；产生
　　　　　反向曲率时 $\beta_{tx}=0.85$；

$\qquad f$——钢材的抗拉抗压和抗弯强度设计值。

（3）支撑强度按以下公式计算：

$$\frac{N_C}{A_n}+\frac{M_{Cx}}{\gamma_x W_{nx}}\leqslant f$$

式中　A_n——净截面面积；

$\qquad W_{nx}$——在弯矩作用平面内对较大受压纤维的净截面模量；

$\qquad\gamma_x$——塑性截面发展系数；

3. 钢支撑构件计算长度选取

（1）竖向平面计算长度选取

根据 2.3 节"托梁刚度对钢支撑计算长度的影响"的研究成果，当钢支撑竖向支承刚

度 $K\geqslant\dfrac{4N_{cr}}{L}$ 时，钢支撑屈服曲线为波浪形，此时钢支撑竖向平面计算长度 L_y 可取为支撑

支座间距离。竖向计算长度如图 3.3-4 所示。

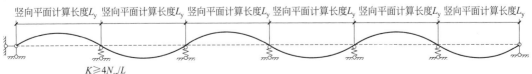

图 3.3-4　竖向平面支撑计算长度

（2）水平平面计算长度选取

同样根据 2.3 节 "托梁刚度对钢支撑计算长度的影响" 和 2.5 节 "钢支撑组合体系平面稳定性研究" 的成果，当托梁水平支承刚度 $K \geqslant \dfrac{4N_{cr}}{L}$ 时，且钢支撑连杆在水平支承间三等分均匀布置时，计算长度 L_x 可以取托梁至连杆的距离或两根水平连杆的距离。水平计算长度如图 3.3-5 所示。

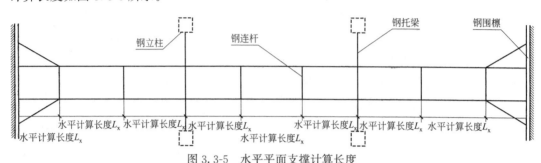

图 3.3-5　水平平面支撑计算长度

（3）接头半刚性对支撑计算长度的影响

根据 2.4 节 "构件半刚性连接节点对钢支撑计算长度的影响" 的研究成果，取支撑接头位于支撑正中时最不利情况，当接头刚度达到 $R_s \geqslant 20\dfrac{EI}{L}$，支撑计算长度为原计算长度系数 1.05，偏于安全的取计算长度系数 1.1。因此对于计算长度范围存在节点接头的，支撑计算长度应乘以 1.1。

3.3.2　钢围檩构件设计方法研究

钢围檩是支撑体系中沿基坑围护周边布置的用于向钢支撑传递坑外土压力的构件。它们与围护之间的空隙需采用细石混凝土填充，以保证传力可靠。

1. 钢围檩构件内力分析

钢围檩构件受力机理与钢支撑不同，钢围檩主要作用是向钢支撑传递土压力，因此钢围檩主要受力为土压力产生的弯矩和剪力，此时钢围檩为纯弯构件。对于存在斜撑的支撑体系，钢围檩还受到斜撑传来的轴力的影响，此时钢围檩为压弯构件。这两种力都可以通过支撑整体计算得到，如图 3.3-6 所示。

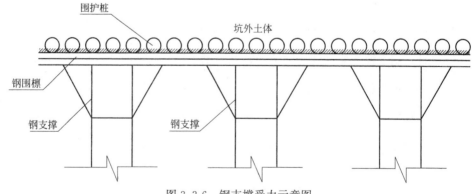

图 3.3-6　钢支撑受力示意图

2. 钢围檩构件稳定性和强度设计

钢围檩稳定性、强度计算同钢支撑计算，但由于钢围檩受到较大的剪力，因此需验算围檩抗剪强度。

$$\frac{VS}{It_w} \leqslant f_v$$

式中　V——计算截面沿腹板平面作用的剪力；

　　　S——计算剪应力处以上毛截面对中和轴的面积矩；

　　　I——毛截面惯性矩；

　　　t_w——腹板厚度；

　　　f_v——钢材的抗剪强度设计值。

3. 钢围檩构件计算长度

（1）竖向平面计算长度

钢围檩竖向采用钢牛腿与围护相连，牛腿作为钢围檩的竖向支撑，因此竖向平面计算长度可以取牛腿间距离，如图 3.3-7 所示。

图 3.3-7　钢围檩竖向平面计算长度

（2）水平平面计算长度

钢围檩水平向与钢支撑相连，因此水平平面计算长度可以取支撑间距离，如图 3.3-8 所示。

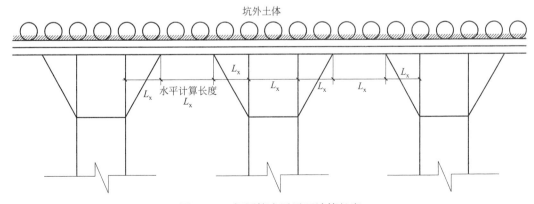

图 3.3-8　钢围檩水平平面计算长度

3.4 钢支撑节点设计

新型 H 型钢支撑的节点构造与传统钢支撑不同，所以需要对各节点的强度和刚度进行验算，使得节点的设计满足设计理论中节点的相关简化假设的要求。

3.4.1 节点构造

新型 H 型钢支撑的节点与传统钢管支撑的焊接连接方式不同，均采用螺栓进行连接，节点形式有以下几种。

1. 钢支撑节段拼接节点

新型 H 型钢支撑为固定模数的装配式支撑，所以各模数的型钢节段需要通过盖板和螺栓进行连接形成一根完整的钢支撑，连接用螺栓一般为普通螺栓，该节点设计构造与实物构造如图 3.4-1 所示。此节点一般受力较小，其构造主要为满足刚度要求，使得钢支撑整体受力，所以这种节点主要进行刚度验算。

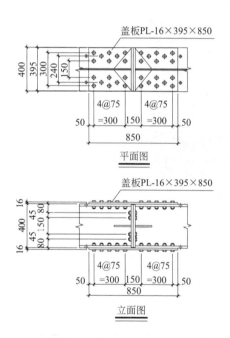

图 3.4-1　钢支撑节段拼接图

2. 双拼或多拼钢支撑间连接节点

同等长度的 H 型钢，强轴的极限承载力高于弱轴，所以其极限承载能力受弱轴控制。为了使强轴和弱轴的承载力相协调，充分发挥支撑的效益，所以在双拼钢支撑体系和多拼钢支撑体系中，需要在钢支撑之间架设连接杆，使其弱轴方向约束增强，减小计算长度，增强弱轴稳定性。如图 3.4-2 所示，为钢支撑与连接杆的节点设计构造和实物构造图，在此节点中一般采用高强螺栓进行各盖板和构件间的连接。此类节点一般受力较小，主要发挥侧向约束作用，所以主要进行刚度验算。

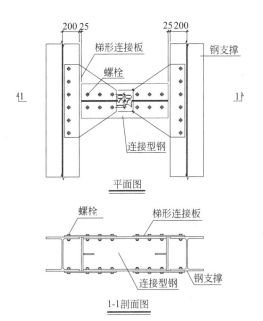

图 3.4-2　钢支撑与连接杆节点构造图

3. 八字撑部位节点

在各组钢支撑间距布置较大时，为更好地控制围护结构变形，一般需要支撑端部设置八角撑，如图 3.4-3 所示。由于八角撑需要控制围护结构变形，直接承受围护结构传递的土压力，所以斜撑构件受轴力较大，其与支撑连接的部位将受较大的剪力，所以斜撑与钢支撑的连接节点主要进行强度验算。同时，斜撑轴力传递给钢支撑时，会使钢支撑受到较大的侧向水平力，为平衡该水平分析以保证钢支撑的轴向受力安全，必须在斜撑与钢支撑的节点部位加装连接杆，此处连接杆的构造与其他部位连接杆的构造相同，但是此处连接杆与钢支撑的连接节点主要进行强度验算。

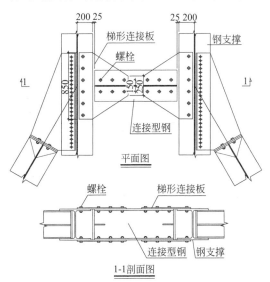

图 3.4-3　八字撑与钢支撑连接构造节点图

4. 八字撑斜撑与钢围檩连接节点

八字撑部位除了与钢支撑连接外，还与钢围檩进行连接，以保证围护结构所受土压力能传递给斜撑。其构造形式如图 3.4-4 所示。

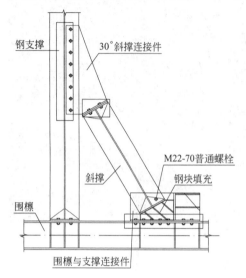

图 3.4-4 八字撑斜撑与围檩连接构造节点图

该部位斜撑与围檩斜交，一般可以采用钢楔块或混凝土进行填充，由于每个工程的斜交角度可能各不相同，不同的角度需要生产不同的钢楔块，费时、费力且利用率不高，由于该部位受压不受拉，所以主要采用混凝土填充斜撑与围檩间的空隙。限制混凝土侧向位移的挡块受到侧向水平分力作用，所以该挡块与围檩的连接需要验算抗剪强度是否满足要求，挡块与围檩间一般采用螺栓连接。

5. 钢支撑与混凝土支撑连接节点

钢支撑与混凝土支撑间一般设置千斤顶，该部位受压而不受拉，所以不设置钢支撑与混凝土支撑的直接连接构造，而是在混凝土支撑上焊接角钢，然后角钢与钢支撑通过螺栓连接约束钢支撑端部的自由度。如图 3.4-5 所示，该部位的螺栓为构造设置，一般不需要进行强度和刚度验算，采用与节段拼接相同的普通螺栓即可。

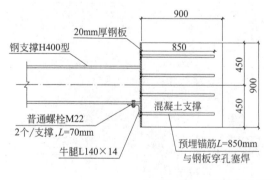

图 3.4-5 钢支撑与混凝土支撑连接节点图

6. 钢支撑与钢围檩连接节点

钢支撑与钢围檩一般通过螺栓进行连接，该螺栓为构造螺栓，一般不需要进行强度和刚度验算。如图 3.4-6 所示，钢支撑轴力传递到围檩上，围檩可能会发生局部受剪变形，所以需要进行抗剪验算，也可以直接在围檩对应位置设置加强肋或加强马凳。

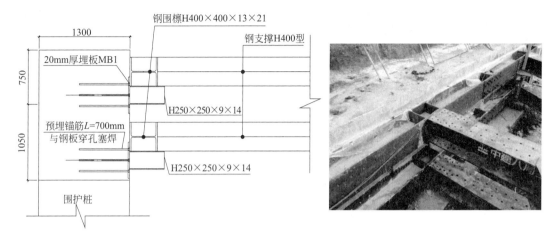

图 3.4-6　钢支撑与混凝土支撑连接节点图

3.4.2　节点强度验算

新型 H 型钢支撑体系中，支撑各杆件间均采用螺栓进行连接，所以钢支撑节点的强度验算主要为螺栓的强度验算。

1. 普通螺栓

对于八字撑与钢支撑节连接节点、不在同一高度的钢围檩间角撑节点均采用盖板和螺栓进行连接，螺栓采用 M22 的普通螺栓，需按规范进行螺栓受力验证。

根据现行国家标准《钢结构设计标准》GB 50017—2017 第 7.2.1 条 "在普通螺栓或铆钉受剪的连接中，每个普通螺栓或铆钉的承载能力设计值应取受剪和承压承载力设计值中的较小者" 进行普通螺栓受力验算，其计算公式如下。

受剪承载力：

$$N_v^b = n_v \cdot \frac{\pi d^2}{4} f_v^b$$

承压承载力：

$$N_v^b = d \cdot \sum t f_c^b$$

式中　n_v——受剪面数目；

　　　d——螺栓杆直径；

　　　$\sum t$——在不同受力方向中一个受力方向承压构件总厚度的较小值；

　　　f_v^b——螺栓的抗剪强度设计值；

　　　f_c^b——螺栓的承压强度设计值。

根据规范中表 3.4.1-4 查得，Q235 钢 8.8 级 M22 普通螺栓的抗剪设计值为 320MPa，承压设计值为 405MPa，盖板厚度为 16mm，则可以分别计算单个螺栓的受剪和承压设计值。

抗剪设计值：

$$N_v^b = 1 \times \frac{\pi \times 11^2}{4} \times \frac{320}{1000} = 30 (\text{kN})$$

计算得到单个螺栓抗剪设计值为 30kN。

承压设计值：

$$N_v^b = 11 \times 16 \times \frac{405}{1000} = 71 (\text{kN})$$

计算得到单个螺栓的承压设计值为 71kN。

综上，对于受剪支撑节点进行验算时，螺栓的抗剪承载力设计值为 30kN。在计算相应节点的螺栓数量时，根据数值计算得到的该部位的剪力再除以 30kN 便可以得到该部位所需的螺栓数量。

2. 高强螺栓

型钢支撑间与连接杆采用盖板和高强螺栓进行连接，螺栓采用 10.9 级承压型 M22 的高强螺栓，需按规范进行螺栓受力验证。

根据现行国家标准《钢结构设计标准》GB 50017—2017 第 7.2.2 条进行高强螺栓受剪验算，其计算公式如下：

$$N_v^b = 0.9 n_f \mu P$$

式中 n_f——传力摩擦面数目；

μ——摩擦面的抗滑移系数，应按规范中表 7.2.2-1 采用；

P——一个高强度螺栓的预拉力，应按规范中表 7.2.2-2 采用。

根据表 7.2.2-1 抗滑移系数的规定，本设计中抗滑移系数取值为 0.3；根据规范中表 7.2.2-2 对单个高强螺栓的预拉力的规定，本规定中预拉力取值为 190kN。因此，根据上式可以求出每颗 10.9 级承压型 M22 的高强螺栓的抗剪承载力设计值为：

$$N_v^b = 0.9 \times 1 \times 0.3 \times 190 = 51.3 (\text{kN})$$

在计算相应节点的螺栓数量时，根据数值计算得到的该部位的剪力再除以 51kN 便可以得到该部位所需的螺栓数量。

3.4.3 节点刚度验算

根据 2.4 "构件半刚性连接节点对钢支撑计算长度的影响" 的研究可以得到节点刚度、接头位置对计算长度的影响。接头刚度 $R_s = m \dfrac{EI}{L}$，由表 3.4-1 中可知，当接头位于支撑中部，m 大于 20 时，支撑有计算长度 1.05。现设计中含接头支撑计算长度取 1.1，因此支撑接头刚度 R_s 不应小于 $20 \dfrac{EI}{L}$，其中 I 为支撑截面惯性矩，L 为支撑长度。

前面已经介绍过半刚性接头构造，该接头主要通过上下两块盖板实现接头刚度。设盖板厚度为 t，则接头线刚度为：

$$i_{jx} = EI_{jx}/L_j = 2tb\left(\frac{h}{2}\right)^2/L_j$$

$$i_{jy} = EI_{jy}/L_j = \frac{1}{6}tb^3/L_j$$

式中 I_{jx}——接头竖向刚度；

I_{jy}——接头水平刚度；

i_{jx}——接头竖向线刚度；

i_{jy}——接头水平线刚度；

L_j——接头特征长度；

b——型钢截面的宽度；

h——型钢截面的高度。

要求刚度不小于 $20\dfrac{EI}{L}$；

可以得到：

$$t_x = 40\frac{I_x}{bLh^2}L_j$$

$$t_y = 120\frac{I_y}{Lb^3}L_j$$

<table>
<tr><td colspan="6" style="text-align:center">计算长度表</td><td style="text-align:right">表 3.4-1</td></tr>
</table>

m ＼ α	0.1	0.2	0.3	0.4	0.5
0.1	3.032	4.041	4.629	4.948	5.050
0.3	1.820	2.414	2.761	2.950	3.010
0.5	1.475	1.475	2.208	2.357	2.405
1	1.188	1.188	1.683	1.791	1.826
2	1.070	1.070	1.359	1.434	1.459
3	1.041	1.041	1.239	1.298	1.317
4	1.029	1.029	1.178	1.226	1.242
5	1.022	1.022	1.141	1.182	1.196
10	1.010	1.010	1.069	1.091	1.099
20	1.005	1.005	1.034	1.046	1.050
50	1.002	1.002	1.013	1.018	1.020
100	1.001	1.001	1.007	1.009	1.010
1000	1.000	1.000	1.001	1.001	1.001

钢支撑截面为 H400×400×13×21，盖板宽度 $b=400\text{mm}$，L 为钢支撑计算长度，取为 12m，截面高度 $h=400\text{mm}$。L_j 为节点计算长度。见图 3.4.7。

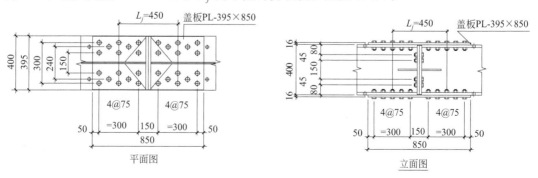

平面图　　　　　　　　　　　　　立面图

图 3.4-7　节点计算长度 $L_j=450\text{mm}$

将参数代入 t_x、t_y，解得 $t_x=15.3mm$，$t_y=15.8mm$，因此当盖板厚度取为 16mm，可以满足接头刚度要求。

3.5 附属结构设计

新型 H 型钢支撑体系中除钢支撑结构之间的连接节点外，还有一些附属结构构造为钢支撑体系提供约束、支承和提高稳定性等功能。这些附属结构的大部分连接采用焊接方式，所以对这一类附属结构的设计主要是焊缝的设计。

3.5.1 附属结构构造

1. 钢支撑与托梁的控位构造

钢支撑与托梁之间采用对拉螺栓和控位角钢进行连接，这样的构造能保证钢支撑轴向自由传力和变形，但是竖直方向自由度被限定：钢支撑搭在托梁上，竖向与托梁共同变形，当托梁提供的竖向刚度足够大时，可认为该部位为铰接约束，减小钢支撑强轴稳定性验算时的计算长度。这样的构造设计一般不需要进行受力验算，只需要在施工中保证长螺杆两端的螺栓拧紧即可，托梁刚度的设计和验算在钢结构"内力特性分析""构件设计"和"节点刚度"中进行了详细说明。

同时，在该节点的构造中还设计了填充调整片，其作用是限制钢支撑侧向的变形，保证钢支撑只沿轴线方向变形，增加侧向稳定性。在对撑体系中，支撑主要受轴力，沿侧向的分力很小，几乎为零，所以填充调整片与托梁间的焊接一般仅需满足构造焊缝的长度要求。在脚撑体系中，由于支撑可能会绕其中一个端点发生轻微的转动，所以填充调整片会受到较大的剪力作用，需要对该部位焊缝进行受剪验算，进行该部位的加强，如图 3.5-1、图 3.5-2 所示。

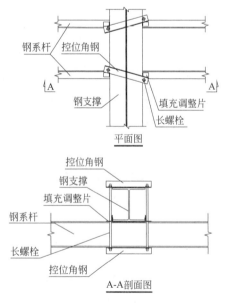

图 3.5-1 钢支撑控位节点图

图 3.5-2　斜撑体系中填充调整片的节点加强实物图

2. 托梁侧向加强构造

新型 H 型钢支撑体系中常用双拼槽钢作为托梁使用，为支撑提供竖直方向约束。槽钢具有侧向稳定性差的特性，所以在槽钢托梁上部焊接加强板如图 3.5-3 所示，以增强托梁的侧向稳定性，其焊缝满足构造要求即可，不做强度验算。

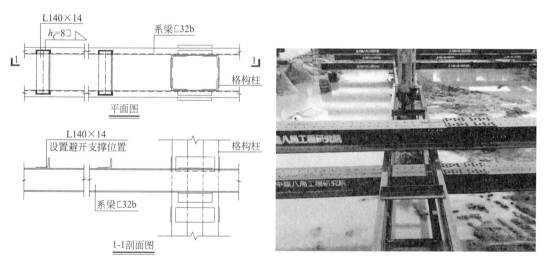

图 3.5-3　托梁加强构造图

3. 立柱间水平杆加强

如图 3.5-4 所示，在支撑下设置托梁，托梁与立柱进行连接。首先，托梁可以为钢支撑提供竖向约束、支承作用。其次，托梁与立柱连接形成框架结构，侧向刚度增强，为钢支撑提供足够大刚度的侧向约束。托梁与立柱节点的焊缝设计，根据托梁在该节点处的受力进行综合受力验算。

最后，当计算立柱的稳定性不足或框架侧向刚度不足时，可在钢立柱中部加焊系杆。此系杆不承受钢支撑的重力，也不提供竖向约束，仅受自重作用，所以一般不需进行竖向

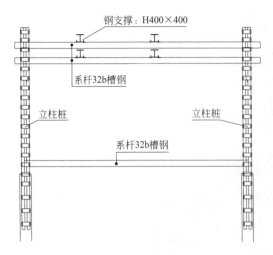

图 3.5-4　托梁设置图

刚度和焊缝强度的验算。

4. 立柱间剪刀撑加强构造

当立柱与托梁组成的框架侧向刚度不足时，还可以在立柱间增设剪刀撑，如图 3.5-5 所示，加强整体性。通过钢支撑体系特殊部位钢立柱预计的最大侧向荷载值，计算剪刀撑的轴力，以此验算剪刀撑与立柱焊缝构造的强度。

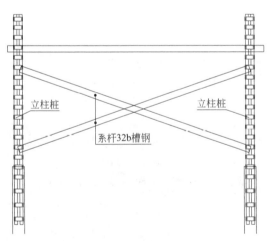

图 3.5-5　剪刀撑设置图

5. 各组支撑间加强构造

新型 H 型钢支撑体系中用的较多的组合形式是双拼 H 型钢支撑，这种组合形式中每一组型钢支撑由两根型钢组成，型钢间采用连杆进行连接以保证弱轴稳定性，在节点设计中已对此类节点进行说明。而各组支撑间加强构造，是在双拼型钢支撑的相邻组之间建立侧向约束关系，以增强整个钢支撑体系的整体性，如图 3.5-6 所示。一般采用 32b 的槽钢搭在相邻两组支撑的上表面，用普通螺栓进行连接，这种构造主要作为侧向稳定的安全储备，所以不做强度和刚度的验算，槽钢自然状态贴紧支撑表面并拧紧螺栓即可。

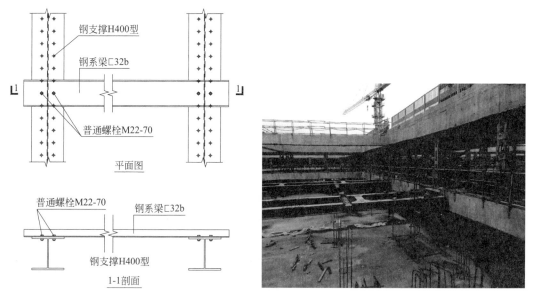

图 3.5-6　剪刀撑设置图

6. 牛腿类构造

在各构件安装前，一般会先在对应部位焊接一块角钢作为牛腿，其作用是为钢支撑、托梁、围檩等安装时提供定位、支承、加强端部连接等作用。一般有钢支撑与混凝土围檩部位的牛腿构造、托梁与立柱相交处牛腿构造，如图 3.5-7 所示、围檩与支撑连接处牛腿构造等。这种构造节点一般受剪力和弯矩作用，不受轴向力，需要进行综合受力验算。

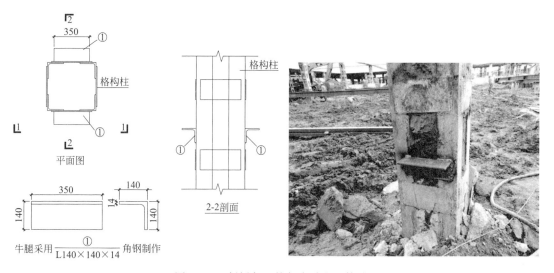

图 3.5-7　托梁与立柱相交处牛腿构造图

7. 围护结构上牛腿构造

当围护结构或围檩施工时未设置预埋板，托梁和支撑的牛腿无法直接焊接于围护结构或围檩上，需要将牛腿与其进行锚栓连接，如图 3.5-8 所示。此构造中主要用到化学锚栓，所以需要计算此牛腿处的剪力和弯矩，以对化学锚栓进行抗拔验算，同时对牛腿组合件的抗弯和抗剪进行验算。

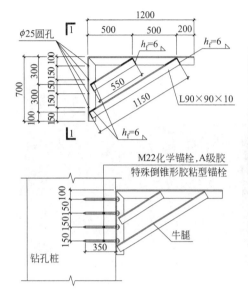

图 3.5-8　围护上牛腿构造图

3.5.2　托梁和立柱的设计方法

新型 H 型钢支撑体系的附属结构主要指立柱和支撑托梁。这些结构因为不属于新型 H 型钢支撑体系，因此长期以来不被设计和施工所重视，质量难以得到保证。在 2.3 节托梁刚度对钢支撑计算长度影响的研究中，已经反映了托梁对超长钢支撑承载力的影响：当托梁刚度难以满足要求时会造成钢支撑承载力下降。本节以第 2 章研究结果为基础，研究附属结构的设计方法。

根据 2.3 节托梁刚度对钢支撑计算长度影响的研究成果，当托梁竖向支承刚度达到 $K = \dfrac{4N_{cr}}{L}$ 时，钢支撑竖向屈曲曲线为波浪形，支撑承载力满足要求。

对于立柱间托梁，忽略立柱的压缩变形，可以简化为简支梁模型，如图 3.5-9 所示。

图 3.5-9　托梁模型

当作用力位于托梁跨中时，有最小托梁刚度 K_b：

$$K_b = \frac{48EI_b}{l^3}$$

托梁刚度 K_b 应满足支撑承载力要求，即：

$$K_b = \frac{48EI_b}{l^3} \geqslant \frac{4N_{cr}}{L}$$

则得到托梁截面惯性矩 $I_b \geqslant \dfrac{N_{cr} l^3}{12EL}$。

已知钢支撑截面为 H400×400×13×21，N_{cr} 偏保守取 3500kN，钢支撑跨度取最小跨度 8m，则可以得到托梁跨度从 6～12m 需要的截面惯性矩 I_b，见表 3.5-1。如托梁跨度为 10m，则托梁截面惯性矩要满足 17361cm^4，可选择双拼 36a 槽钢，惯性矩 23740cm^4，满足要求。

托梁截面惯性矩 I_b 　　　　　　　　　　表 3.5-1

截面刚度 (cm^4)	托梁跨度(m)						
	6	7	8	9	10	11	12
I_b	3750	5955	8889	12656	17361	23107	30000

钢支撑水平约束刚度也必须达到 $K = \dfrac{4N_{cr}}{L}$，才能保证支撑承载力满足要求。托梁和立柱形成的门式结构对支撑的水平约束刚度计算，可采取如图 3.5-10 所示计算模型。架设托梁轴向不可压缩，则在单位力作用下框架水平位移 $\delta = \dfrac{1}{12} \dfrac{L_c^3}{EI_c}$，则水平刚度 $K_h = 12 \dfrac{EI_c}{L_c^3}$。

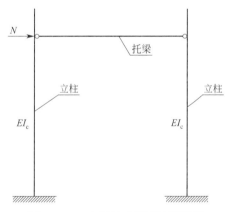

图 3.5-10　水平约束刚度计算模型

该刚度 $K_h = 12 \dfrac{EI_c}{L_c^3} \geqslant \dfrac{4N_{cr}}{L}$；

则 $I_c \geqslant \dfrac{N_{cr} L_c^3}{3EL}$。

已知钢支撑截面为 H400×400×13×21，N_{cr} 偏保守取 3500kN，钢支撑跨度取最小跨度 8m，则可以得到立柱高度从 6～10m 需要的截面惯性矩 I_c，见表 3.5-2。如立柱高度为 8m，则立柱截面惯性矩要满足 47407cm^4，可选择 4×L140×14 截面，惯性矩 57050cm^4，满足要求。

如果立柱截面惯性矩无法满足表 3.5-2 中所列要求，为保证水平刚度，则需在立柱间加设剪刀撑。

立柱截面惯性矩 I_c

表 3.5-2

截面刚度	立柱高度（m）				
（cm⁴）	6	7	8	9	10
I_c	20000	31759	47407	67500	92592

对于立柱和托梁强度计算，则需满足钢结构规范要求的抗弯和抗剪验算。

3.5.3 附属结构强度验算

新型 H 型钢支撑体系中，附属结构中主要采用焊接连接，少部分采用螺栓连接。螺栓连接部位为一般构造部位，不需要进行强度和刚度验算，所以在新型 H 型钢支撑体系中附属结构强度验算主要为焊缝强度的验算。

对附属结构中的焊缝设计，按现行国家标准《钢结构设计标准》GB 50017—2017 第 7.1.3 条进行焊缝强度验算，其计算公式如下。

在通过焊缝形心的拉力、压力或剪力作用下正面角焊缝（作用力垂直于焊缝长度方向）：

$$\sigma_f = \frac{N}{h_e l_w} \leqslant \beta_f f_f^w$$

侧面角焊缝（作用力平行于焊缝长度方向）：

$$\tau_f = \frac{N}{h_e l_w} \leqslant f_f^w$$

在各种力综合作用下，σ_f 和 τ_f 共同作用处：

$$\sqrt{\left(\frac{\sigma_f}{\beta_f}\right)^2 + \tau_f^2} \leqslant f_f^w$$

式中　σ_f——按焊缝有效截面（$h_e l_w$）计算，垂直于焊缝长度方向的应力；

　　　τ_f——按焊缝有效截面计算，沿焊缝长度方向的剪应力；

　　　h_e——角焊缝的计算厚度，对直角焊缝等于 $0.7 h_f$，h_f 为角焊缝尺寸；

　　　l_w——角焊缝的计算长度，对每条焊缝取实际长度减去 $2 h_f$；

　　　f_f^w——角焊缝的强度设计值；

　　　β_f——正面角焊缝的强度设计值增大系数：对承受静力荷载和间接承受动力荷载的结构，$\beta_f = 1.22$；对于直接承受动力荷载的结构，$\beta_f = 1.0$。

对于部分不为直角的角焊缝，按规范 7.1.2 条规定：

两焊脚边夹角 α 为 $60° \leqslant \alpha \leqslant 135°$ 的 T 形接头，其斜角焊缝的强度应按直角焊缝的三个公式计算，但是取 $\beta_f = 1.0$，其计算厚度为：$h_e = h_f \cos \frac{\alpha}{2}$（根部间隙不大于 1.5mm）。

3.6　小结

本章通过对钢支撑体系整体分析方法、钢支撑节点设计、钢支撑附属结构设计的研究，形成一套适用于新型 H 型钢支撑体系的设计方法，填补了新型 H 型钢支撑体系国内

设计方法的空白,为新型 H 型钢支撑体系的工程应用打下了坚实的基础,主要结论有:

(1) 通过对被动土、双向接头受力特性的研究表明,在整体分析方法中,被动土与围护结构的相互作用可采用单向弹簧进行模拟,双向接头可以采用相容节点进行模拟。

(2) 通过对钢立柱与钢支撑之间相互作用关系的研究表明,整体分析方法中,钢立柱与托梁对钢支撑的侧向约束作用可以用弹簧进行模拟。

(3) 通过对千斤顶预加轴力施加过程的本质进行研究表明,整体分析方法中,千斤顶的预加轴力可以通过公式 $F_{终} = F_{初} \dfrac{k_1 k_2 L}{L + EAk_2 + EAk_1}$ 的轴力值关系,按照等效温度荷载或等效膨胀变形进行模拟。

(4) 结合新型 H 型钢支撑实际的工作条件,对于气温变化产生的轴力 N_T、基坑开挖立柱隆起产生的弯矩 M_R 及支撑轴力在支撑施工误差上产生次生弯矩 M_C,以表格的形式给出了具体数值,可用于支撑构件设计。

(5) 参考钢结构规范压弯构件公式,给出新型 H 型钢支撑构件强度和稳定性计算公式及构件的计算长度。对于有接头的钢支撑计算长度应乘以 1.1 以考虑其不利影响。

(6) 基于支撑接头半刚性对支撑计算长度影响的研究成果,提出能满足接头刚度需要的支撑连接盖板的合理厚度。同时提出新型 H 型钢支撑各节点强度的验算方法。

(7) 基于托梁刚度对钢支撑计算长度影响的研究成果,在满足钢支撑承载力的前提下,推导了托梁截面惯性矩随托梁跨度变化的理论公式和立柱截面惯性矩随立柱高度变化的理论公式。并基于新型 H 型钢支撑的具体设计参数,以表格形式给出了不同托梁刚度下托梁截面惯性矩的数值以及不同立柱高度下立柱截面惯性矩的数值。

第**4**章

基坑补偿装配式 H 型钢结构内支撑生产制造与施工方法

4.1 钢支撑生产制造技术

4.1.1 钢支撑制作简介

钢构件形式较为简单，钢构件主要为 H 钢梁、节点连接件、连接板及成品槽钢等构件，如图 4.1-1～图 4.1-3 所示。20mm 左右厚板所占比例较大。构件材质均为 Q345B。

图 4.1-1　H 型钢梁

图 4.1-2　节点连接件

图 4.1-3 节点连接板

4.1.2 钢支撑加工总体流程

针对新型 H 型钢支撑体系，确定钢构件加工制作总工艺流程，如图 4.1-4 所示。根据新型 H 钢支撑体系的深化设计图纸和施工工艺进行加工的构件，严格按照钢结构制作标准进行加工。

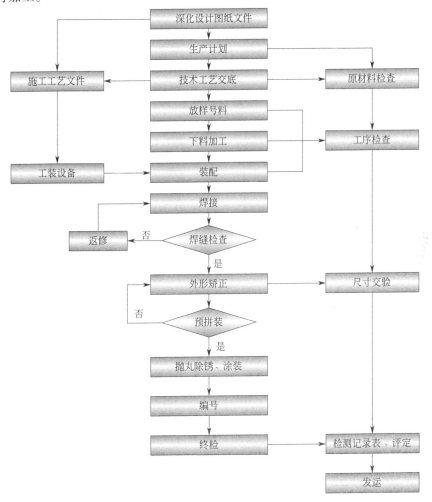

图 4.1-4 钢结构加工制作总流程

4.1.3 设备选用

H 型钢支撑制作首先要制作 H 型钢，H 型钢主要型号为 H400×400×13×21，H500×500×25×25，然后在 H 型钢上扩孔，焊接端头板，最终形成模数化的钢构件，模数 0.15～6m，满足任意长度的拼装。H 型钢支撑主要加工设备、检验设备和仪器见表 4.1-1 和表 4.1-2。

钢支撑下料拟投入主要设备　　　　　　　　表 4.1-1

下料投入设备	

(1)钢板预处理生产线	(2)九辊钢板矫平机

(3)梅塞尔数控多头火焰直条切割机	(4)等离子数控切割机

(5)数控三维钻	(6)摇臂钻

下料投入设备	

(7)带锯床	(8)液压闸式剪板机

钢结构装配及焊接拟投入主要设备　　　　　　　　　　表 4.1-2

装配及焊接主要设备	

(1)H 型钢组立机	(2)H 型钢液压校正机

(3)数控锁口机	(4)端面铣床

装配及焊接主要设备

（5）双弧双丝门式埋弧焊机

（6）H 型钢端面坡口全方位火焰切割机

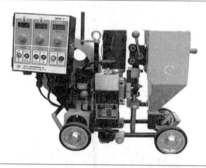

（7）半自动埋弧焊机

（8）二氧化碳气体保护焊机

（9）非熔嘴式电渣焊机

（10）全方位三维火焰自动切割机

（11）二氧化碳全自动焊接小车

（12）仿形切割机

4.1.4　主要构件制作工艺和精度要求

1. H 型构件的制作

H 型构件为主要构件截面。H 型构件制作流程见表 4.1-3。

H 型构件的加工制作流程　　　　　　　　　　　　表 4.1-3

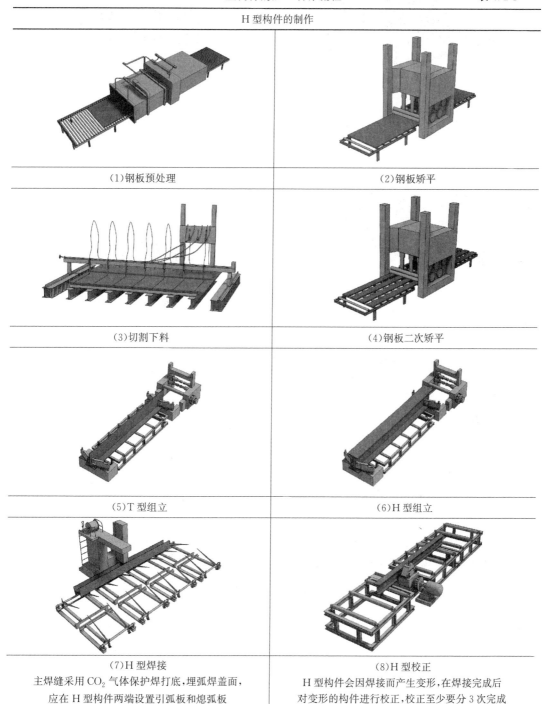

H 型构件的制作	
(1)钢板预处理	(2)钢板矫平
(3)切割下料	(4)钢板二次矫平
(5)T 型组立	(6)H 型组立
(7)H 型焊接 主焊缝采用 CO_2 气体保护焊打底,埋弧焊盖面, 应在 H 型构件两端设置引弧板和熄弧板	(8)H 型校正 H 型构件会因焊接而产生变形,在焊接完成后 对变形的构件进行校正,校正至少要分 3 次完成

H 型构件的制作	
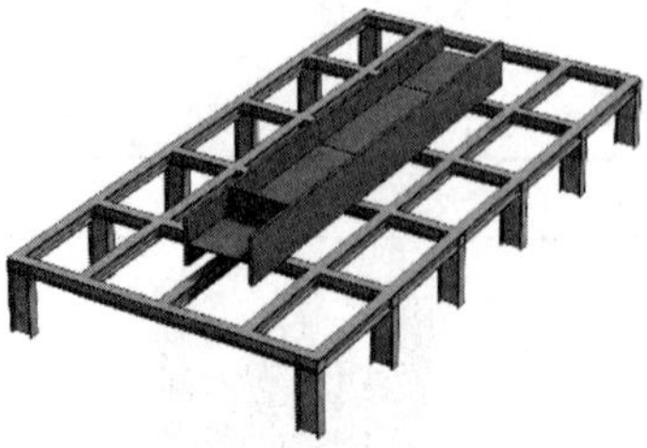	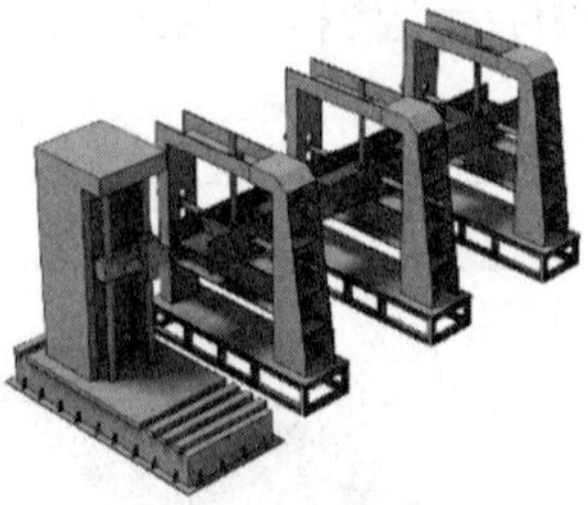
(9)装配连接板	(10)端铣
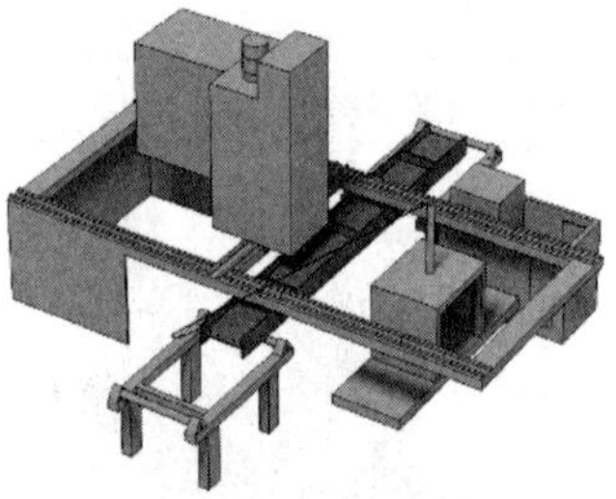	
(11)配孔	(12)抛丸除锈

(13)涂装	(14)构件标记

2. H 型构件的精度要求

（1）切割

H 型钢构件下料必须按其所需的形状和尺寸进行下料切割。常有的切割方法有：机械切割和气割。机械切割和气割的允许偏差分别如表 4.1-4、表 4.1-5 所示。

机械切割的允许偏差 表 4.1-4

项　　目	允许偏差
零件宽度、长度	±1.0mm
边缘缺棱	1.0mm
型钢端部垂直度	2.0mm
垂直度	不大于板厚的 5% 且不大于 1.5mm

项　　目	允许偏差
型钢端部倾斜值	不大于 2.0mm
坡口角	不大于±5°

气割的允许偏差　　　　　　　表 4.1-5

项　　目	允许偏差
零件的宽度、长度	±3.0mm
切割面平面度	0.05t,但不大于 2.0mm
割纹深度	0.3mm
局部缺口深度	1.0mm

注：t 为切割面厚度。

（2）端部加工

构件的端部加工应在矫正合格后进行。应根据构件的形式确定必要的措施，保证端面与轴线垂直。端部铣平的允许偏差应符合表 4.1-6 的要求。

端部铣平的允许偏差　　　　　　　表 4.1-6

项　　目	允许偏差（mm）
两端铣平时构件长度	±2.0
铣平面的平面度	0.3
铣平面对轴线的垂直度	$L/1500$

（3）H 型钢组立

H 型钢在组立机组立，在自动生产线上组立加工，组立前应对翼板、腹板及其他零件去除毛刺、割渣，并应进行矫正矫直，划出中心线、定位线，待检验合格后才准上组立机进行组立点焊固定。

H 型钢、端头板、加筋板都要进行组装电焊，组装时应在专用模台胎架上进行正式电焊。焊接后对应力过于集中的位置用热处理以消除过大的应力。构件的焊接加工质量要求见表 4.1-7。

H 型钢组立精度要求　　　　　　　表 4.1-7

项目	允许偏差
高度	不大于±2mm
腹板中心偏移	＜2mm
端头平齐	1～2mm
顶紧面间隙	＜0.5mm

H 型钢的组对翼缘板拼装缝和腹板拼接缝的间距不应小于 200mm。翼缘板拼长度不应小于 2 倍板宽；腹板拼接宽度不应小于 300mm，长度不应小于 600mm。表 4.1-8 为 H 型钢对精度控制要求。

H 型钢组对精度控制要求（单位：mm） 表 4.1-8

项目		允许偏差	图例
截面高度 h	h＜500	±2.0	
	500＜h＜1000	±3.0	
	h＞1000	±4.0	
截面宽度 b		±3.0	
腹板中心偏移 e		2.0	
翼缘板垂直度 Δ		b/100 且不应大于 3.0	
弯曲矢高（受压件除外）		L/1000 且不应大于 10.0	
扭曲		h/250 不应大于 5.0	
腹板局部平面度 f	t＜14	3.0	
	t≥14	2.0	

（4）成型后的 H 型钢

表 4.1-9 为 H 型钢制作完成后，纵向、轴线、扭曲的误差要求，也即钢支撑构件的误差要求。

H 型钢的成型误差（单位：mm） 表 4.1-9

序号	项目	允许偏差	备注
1	纵向曲线对合样板	≤2.0	
2	纵向挠度	≤L/1000；且≤3.0	接刀处无明显折角
3	扭曲	≤4.0	
4	基准线偏移	≤2.0	

3. 钢支撑扩孔的精度要求

H 型钢支撑上的螺栓孔采用钻模制孔和划线制孔两种方法。较多频率的孔组要设计钻模，以保证制孔过程中的质量要求。制孔前考虑焊接收缩余量及焊接变形的因素，将焊接变形均匀分布在构件上。H 型钢支撑上的螺栓孔是 C 级螺栓孔（Ⅱ类孔），孔壁表面粗糙度 R_a 不应大于 25μm，其允许偏差应符合表 4.1-10 的规定，螺栓孔孔距的允许偏差应符合表 4.1-11 的要求。

C 级螺栓孔（Ⅱ类孔）孔壁表面粗糙度允许偏差（mm）　　表 4.1-10

项　目	允许偏差
直　径	+1.0
圆　度	2.0
垂直度	不大于板厚的 3%，且不应大于 2.0

螺栓孔孔距的允许偏差（mm）　　表 4.1-11

螺栓孔孔距范围	≤500	501~1200	1201~3000	>3000
同一组内任意两孔间距离	±1.0	±1.5	—	—
相邻两组的端孔间距离	±1.5	±2.0	±2.5	±3.0

4.1.5　钢支撑构件的预拼装工艺

由于钢构件在加工过程中存在不可避免的误差，在满足规范的前提下，构件很有可能由于累积误差导致施工现场无法顺利连接和拼装，为了保证现场的安装精度，对于连接杆件较多部位在构件出厂前进行预拼装，检验加工精度，并根据预拼装结果指导生产。

为提高钢支撑桁架结构及节点现场安装效率及精度，将采取实体预拼装与计算机虚拟预拼装相结合的方式对桁架成品构件进行检验。

4.1.6　钢支撑构件标识

钢支撑构件标识要求见表 4.1-12。

钢支撑构件标识要求　　表 4.1-12

序号	内容	技术要求
1	钢印编号	钢梁的钢印号打两处：分别位于距离梁端 500mm 处的翼缘板和腹板的中心线
2	轴线标记	两端标记在距构件端部 100mm 位置
3	长度标记	钢梁长度标记在端板的中央
4	二维码标记	(1)标贴位置要保证最好在油漆的表面,无灰层,无水; (2)保证二维码要便于扫描、查找以及不易被碰伤等损害; (3)为保证二维码标贴得整齐,要求条形码与构件的翼板面中心线平行; (4)型钢二维码统一张贴在腹板靠近端部处,并与钢印在同一水平点; (5)次构件、下料直发件、围护、楼层板等为需打包构件,二维码张贴在每个包的铁牌上; (6)其他特殊构件二维码张贴便于扫描、查找以及不易被碰伤、损害等原则进行张贴
5	构件编号标识	构件编号字体为宋体,字间距为 20mm,大小为 120mm×120mm
6	装箱标识	连接板、锚栓、螺母等小零部件使用装箱运输,标识一律写在左上角位置
7	装箱清单	构件清单应注明构件号、构件截面尺寸、构件长度、构件单重(精确到 0.1kg)

4.2　钢支撑安装施工技术

4.2.1　钢支撑组合形式

装配式 H 型钢支撑体系均采用标准化构件，H 型钢通过高强螺栓和节点键进行连接。

可以组合成各种支撑形式，如双拼、三拼、双层等形式。用作水平对撑、角撑、围檩等。施工前，认真理解设计图纸，确定支撑组合形式和安装方案。如静安府地下第二道钢支撑采用单道桁架形式，南京国际博览中心三期第一道钢支撑采用双拼双层形式，南京 G45 地块项目第一道采用 70m 长大角撑形式。图 4.2-1 分别为静安府钢支撑、南京国际博览中心三期钢支撑、南京 G45 地块项目钢支撑现场组合图。

(a) 静安府钢支撑

(b) 南京国际博览中心三期钢支撑

(c) 南京G45地块项目钢支撑

图 4.2-1　钢支撑组合形式

4.2.2　钢支撑施工流程

根据图纸设计、新型 H 型钢支撑构件特性和施工现场情况，支撑安装从围檩一端向混凝土支撑端安装，把安装误差全部留在钢支撑和混凝土支撑连接处，最后在此处利用千斤顶行程和填塞钢板调解误差。图 4.2-2 为拼装式钢支撑施工流程。

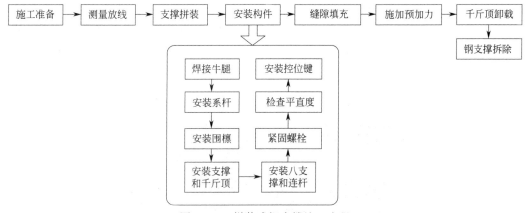

图 4.2-2　拼装式钢支撑施工流程

4.2.3　钢支撑施工流程操作要点

1. 施工准备

（1）根据设计图纸，理解设计意图和深度，核对材料构件用量，对构件的规格、型号、材质等进行复核，确保满足设计和规范要求。

（2）编制完善的施工方案和技术交底。

（3）确定钢支撑的安装顺序。由于施工误差，围檩和混凝土支撑之间的实际尺寸和设计尺寸有偏差，因此钢支撑安装时把误差留在围檩一侧，缝隙处填充细石混凝土。

2. 测量放线

（1）测量放线包括轴线和标高。轴线是指沿钢支撑轴线方向，测量混凝土支撑和混凝土围檩之间的距离。实测结果和设计尺寸比较，确定钢支撑的安装长度，预先对拼装构件进行调整。

（2）标高是指牛腿在混凝土围檩埋板、混凝土支撑埋板和格构柱上的焊接标高。图 4.2-3（a）为轴线测量。图 4.2-3（b）为混凝土埋板的标高控制。

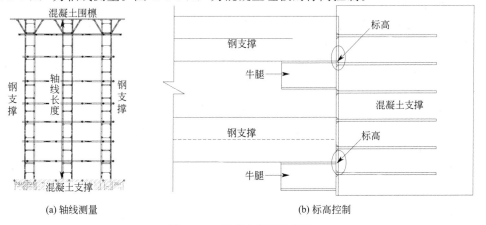

(a) 轴线测量　　　　　　　　　　　　　(b) 标高控制

图 4.2-3　轴线和标高的测量

3. 支撑拼装

（1）根据支撑轴线实测结果和分节图，进行节段节点与系杆的碰撞检查，防止盖板安装落在系杆上，确保安装的平整。

（2）综合塔式起重机吊装能力和格构柱间距的限制，确定构件的合理吊装长度，在支撑堆场预拼装。图 4.2-4 为钢支撑现场预拼装。2 节或者 3 节一吊，提高拼装效率和安装速度。

图 4.2-4　钢支撑预拼

4. 构件安装

（1）牛腿和系杆的安装

1）牛腿承受系杆和钢支撑的荷载，其焊接在混凝土支撑的埋板、混凝土围檩的埋板、格构柱、型钢立柱上。

2）为保证焊接精度和焊接质量，需对牛腿进行标高复测和焊缝现场探伤。

3）系杆为背靠背的 2 根槽钢，放置在牛腿上，与牛腿和立柱焊接，形成钢支撑安装的支座。

4）为增强系杆的侧向刚度，2 根槽钢翼缘焊接一根角钢，形成"H 型钢"。

（2）围檩安装

1）H 型钢支撑与混凝土围檩处便于连接需要安装钢围檩，钢围檩为 H400 的型钢，安装在牛腿上，紧贴混凝土围檩。

2）钢围檩的安装沿一个方向依次进行，安装前需根据图纸测量定位，确定钢围檩的轴线。

3）安装围檩前，沿围檩轴线偏移至围檩外边缘，定位放线，在牛腿上紧靠钢围檩的外边缘焊接限位角钢，限制围檩外移和保证围檩安装在一条直线上。

（3）钢支撑和千斤顶安装

1）钢支撑安装在系杆上，系杆安装完成，上表面在一个平面内，安装误差控制在设计位置±1cm。

2）测量钢支撑的轴线，在上下层系杆上确定双层钢支撑的安装位置，然后在钢支撑的一侧焊接限位角钢，限制支撑的左右移动。

3）依次把预拼装好的钢支撑从围檩一侧向混凝土支撑一侧安装在系杆上。每段钢支撑安装时，要与下部支座形成稳定结构。钢支撑节段之间、钢支撑和围檩之间用螺栓连接。

4）千斤顶安装在钢支撑与混凝土支撑连接端，与钢支撑连成一体。缝隙处通过千斤顶的调节进行消除。

（4）八字撑和连杆安装

1）八字撑采用型钢两端的连接键通过高强螺栓分别与钢支撑和钢围檩连接。八字撑可使围檩受力均匀，然后传到钢支撑上。

2）连杆把平面内 2 根 H 型钢支撑连接在一起增加整体刚度和稳定性。连杆采用盖板和高强螺栓与钢支撑连接，连接强度高、抗剪效果好。

（5）紧固螺栓和平直度检查

1）钢支撑、钢围檩、八字撑和连杆均安装连接好后，位置无误差，然后紧固螺栓。

2）紧固螺栓分 2 次，初拧和终拧，每次拧紧均应检查钢支撑的轴线和平整度，紧固螺栓采用力矩扳手，螺母拧紧后至少外露 2 个丝牙。

3）待支撑安装完成后，用水准仪复核整体安装的平整度，确保预加力施加前，安装误差控制在设计范围内。预加力施加后检查螺栓是否松动，拧紧所有螺栓。

（6）限位装置的安装

1）钢支撑整体安装基本结束，在系杆上的钢支撑另一侧焊接限位角钢，限制钢支撑的左右移动。

2）安装控制钢支撑上下移动的控位角钢，把限位装置、系杆和钢支撑连接起来形成约束节点。

3）施加预加力前，上下控位角钢不能拧紧，以防预加力损失在约束节点，待加载完成后再拧紧。

5. 缝隙填充

1）填筑缝隙中的混凝土包括混凝土围檩与钢围檩之间的缝隙和钢围檩与八字撑之间的缝隙。缝隙处填充细石混凝土保证钢围檩和混凝土围檩的均匀接触和均匀传力。混凝土为高强细石混凝土，为了缩短达到强度的时间，可加入适当的早强剂。

2）混凝土围檩与钢围檩和钢围檩与八字撑之间的缝隙混凝土的浇筑要模板牢靠，振捣密实，均匀接触。

3）钢支撑和混凝土支撑连接处大的空隙用千斤顶来调节，小的空隙填入薄钢板，填充密实，结构受力均匀。

6. 预加力的施加

1）钢支撑结构安装完成，缝隙填充密实且填充混凝土强度达到标准，混凝土支撑达到强度可施加预加力。

2）可采用电动泵加载和自动伺服装置，每组千斤顶，同时施加预加力。

3）在外界条件变化引起轴力变化时，人工通过电动加载系统补压，自伺服系统自动进行压力调节。

4）为保证加载均匀，预加力分 3 级加载，分别为预加力的 40%、30%、30%。在加载过程中，监测钢支撑的轴力、挠度和装置的稳定性。

5）加载完成后拧紧千斤顶油缸外的法兰圆盘，此装置无卸荷传力工况，预加力损失小，可随时附加。加载完成后检查螺栓有无松动并复紧，拧紧上下控位角钢。

7. 千斤顶卸载

（1）卸载千斤顶预加力前，把限位角钢的螺栓拧松，避免轴力在约束节点有残余。

（2）卸载时，应均匀同步进行，每组千斤顶同步卸载，且按照千斤顶加载等级进行分级卸载，第一级卸载 30％，第二级卸载 30％，第三级卸载 40％。

8. 钢支撑拆除

（1）千斤顶完全卸载时可进行钢支撑拆除。

（2）拆除顺序和安装顺序相反，依次拧开节点处螺栓，塔式起重机调运至堆场。依次拆除连杆、支撑、八字撑、围檩等构件。

（3）拆除时注意构件是否在稳定支座上，可根据塔式起重机的吊装能力，2 节或多节依次调运，在堆场拆分成构件。

4.3 钢支撑轴力补偿施工技术

4.3.1 千斤顶端部施工技术

型钢支撑体系的关键是千斤顶保留在钢支撑端部，而不像传统的钢支撑一样施加完预加轴力后用打入钢楔将千斤顶取出，所以型钢体系中与千斤顶相关的部位尤为重要，其中最为重要的就是千斤顶端部施工技术。

图 4.3-1 为千斤顶实物图，图中可以看出型钢支撑体系的千斤顶两端各有一小段型钢构件，但是构件在支撑轴线方向的尺寸较小，不易与围檩连接，如果直接使用其与围檩接触会出现以下问题：

（1）无法与围檩上焊接的牛腿进行螺栓连接，从而达不到支撑端部为固端约束的效果；

（2）由于施工误差，可能会使得端部与围檩形成一定夹角而不能完全贴合，从而使得千斤顶偏压，导致千斤顶寿命缩短和钢支撑偏压的问题。

图 4.3-1　千斤顶实物图

以上两个问题都将影响钢支撑的性能和安全，所以其端部在施工时应加设一段较长的型钢，如图 4.3-2 所示，以保证千斤顶的两端均为均匀受压。

图 4.3-2　千斤顶端部增加节段实物图

然后，如若端部与围檩间存在间隙，便采用填塞钢板或混凝土的方式使其 90％以上的面积能与围檩紧密接触，如图 4.3-3 所示，以保证由千斤顶到围檩上的力均匀且端部构件尽量轴心受压，以解决问题（2）。

图 4.3-3　钢支撑端部间隙填塞图

再对增加的节段和围檩上预留的牛腿采用螺栓或卡块连接，保证钢支撑端部为固端约束，以解决问题（1），如图 4.3-4 所示。

图 4.3-4　千斤顶端部与围檩连接构造图

4.3.2　千斤顶保护技术

型钢体系中由于钢支撑端部的千斤顶需要保留在钢支撑端部，直到土方开挖完成、底板浇筑完毕再拆除，这期间短则一两个月，长则半年左右甚至一年，所以如果不对千斤顶进行保护，在这期间的日晒雨淋必定会导致其螺纹的锈蚀，影响千斤顶的寿命、千斤顶顺利回缩和钢支撑的轴力补偿以及拆除。同时，由于土方开挖一般采用挖掘机进行，难免会误碰千斤顶区域，如果不对千斤顶进行保护，很有可能被机械碰坏变形或漏油，轻则千斤顶报废不能重复使用，重则千斤顶泄压影响基坑安全。

所以，在安装千斤顶后，施加完预加轴力后需立即为千斤顶套上防水油布或者塑料布，如图 4.3-5 所示，以防止雨水侵蚀和泥沙堵塞丝口。

图 4.3-5　千斤顶丝口防水处理图

同时，需对千斤顶外部套上钢护套，以防止施工机械碰撞或重物坠落对其造成损伤，如图 4.3-6 所示。

图 4.3-6　千斤顶钢护套实物图

4.3.3　预加轴力施加

根据前面各章节预加轴力工况有限元模拟和计算结果表明，在第一次施加 750kN 的预加轴力后，待钢支撑体系稳定后各支撑轴力小于 750kN，说明预加轴力施加后一定时间内会由于体系内的变形协调而损失，损失率约为 20%～50%，所以需要进行预加轴力的补偿。

因此，根据这一特性，预加轴力的施加及补偿一般按照以下要求进行：

（1）预加轴力较大时，分为三级进行加载，各级加载值分别为预加轴力设计值的 40%、30%、30%；预加轴力较小时，可按两级进行加载，各级加载值分别为预加轴力设计值的 50%；

（2）每一级预加轴力施加后，需至少等待 15min 后观察预加轴力情况，并将预加轴力施加到下一级累计要求的预加力值，如预加轴力较大情况下的加载，第一级加载完毕后等待 15min，然后施加第二级预加轴力，将预加轴力施加到预加轴力设计值的 70%，同理类推；

（3）第一次预加轴力施加完成 24h 后，检查预加轴力残余值，若小于预加轴力设计值的 80%需进行轴力补偿，补偿操作要求同（1）、（2）；

（4）轴力补偿完成后 3～7d 时间内，需再次检查预加轴力残余值，若再次小于预加轴力设计值的 80%时，需分析原因、采取相应措施，并再次进行轴力补偿；若预加轴力残余值稳定在 80%以上，则认为体系变形协调已稳定；

（5）在气温骤降时，根据轴力情况进行相应的补偿。

4.3.4　日常检查

在施加预加轴力前，应检查千斤顶各部位是否已有效连接，有保留油压表的千斤顶接头处是否拧紧并设有防漏措施，以免加压后出现较大的轴力损失。在施加预加轴力后的一天内需多次检查各连接部位的有效性，以免出现如图 4.3-7 所示的漏油情况。若出现图示情况，需立即检查接头是否拧紧，是否设置防渗胶带，若拧紧后仍继续漏油，则需泄压后检查接口。

图 4.3-7　千斤顶接头渗漏图

在施加轴力一周内，需经常关注节点是否渗漏的问题，及时发现问题并及时进行处理。同时，在突然大幅升温或土方开挖后也要检查千斤顶各节点的渗漏情况。

4.3.5 自动补偿技术

型钢支撑体系可与自动伺服系统相结合，形成对钢支撑体系的轴力自动补偿，图 4.3-8 为自动补偿控制仪器。新型 H 型钢支撑轴力补偿伺服系统如图 4.3-9 所示。

图 4.3-8　轴力自动补偿仪器实物图

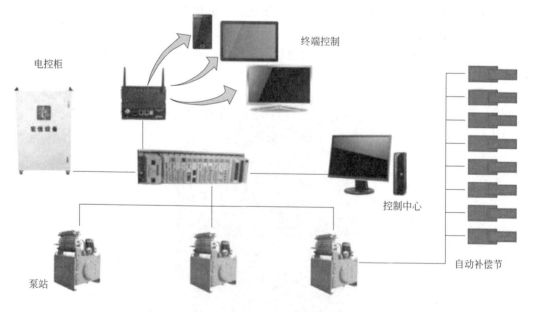

图 4.3-9　轴力补偿伺服系统

通过自动伺服系统的实时监测，在支撑轴力发生较大变化时，可以根据检查情况进行人工指令加压，也可以事先设置压力值，由仪器动态控制千斤顶的油缸压力，以更好地控制基坑变形。

4.4 钢支撑内力监测系统

钢支撑轴力大小是反映钢支撑安全和稳定的关键因素，传统钢支撑支护体系通常采用人工监测的方法，不管是监测频率还是监测结果的反馈速度很难满足钢支撑施工的安全监测要求，所以，采用传统钢支撑支护体系的基坑发生安全事故的概率比钢筋混凝土支护体系要高。因此，本研究引进钢支撑内力实时监测系统，实时监测钢支撑轴力大小和变化规律，及时掌握钢支撑体系的工作状态，确保钢支撑体系的结构受力合理和稳定，保证施工安全。

4.4.1 全自动应力监测系统设置

钢支撑应力全自动监测系统由基康 BGK-4000 型表面应变计和 BGK-Micro-40 自动数据采集仪组成，该系统可以自动实时监测钢支撑的受力变化规律，并能将监测结果通过网络同步传输给用户，方便用户随时随地查看钢支撑应力变化情况。

（1）BGK-4000 型表面应变计

BGK-4000 型表面应变计用于安装在钢结构及其他建筑物表面，测量结构的应变，应变计示意图和实物图分别如图 4.4-1、图 4.4-2 所示。该应变计由应变杆、线圈、电缆和安装块组成，在钢结构上安装时，通常采用焊接安装块的方式。传感器不能通过焊接电流，否则将造成传感器的损坏。因此，传感器的安装应在焊接工作全部完成后进行。可利用一个根据仪器尺寸制作的安装杆定位和焊接安装块。应变计安装完成后的现场实物图如图 4.4-3 所示。

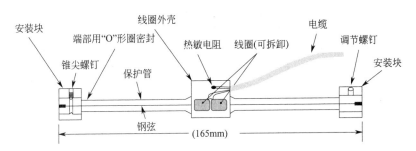

图 4.4-1 BGK-4000 型表面应变计示意图

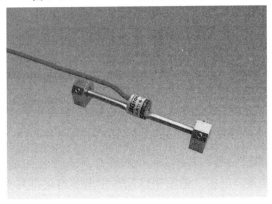

图 4.4-2 BGK-4000 型表面应变计实物图

图 4.4-3　BGK-4000 型表面应变计现场安装

该应变计可以测量仪器与待测钢结构的温度膨胀系数相同，与混凝土的温度膨胀系数也非常接近，所以很少需要温度修正。需要时，内置的温度传感器可同时监测安装位置的温度。采用不锈钢制造的振弦式应变计，具有很高的精度和灵敏度、卓越的防水性能、耐腐蚀性和长期稳定性。由专用的四芯屏蔽电缆传输频率和温度电阻信号，频率信号不受电缆长度的影响，适合在恶劣的环境下长期监测建筑物的应变变化。BGK-4000 型表面应变计的主要技术指标如表 4.4-1 所示。

BGK-4000 型表面应变计主要技术指标　　　　　表 4.4-1

标准量程	$\pm 3000\mu\varepsilon$
分辨率	0.035％F. S.
非线性度	直线：≤1％F. S.；多项式：≤0.1％F. S.
温度范围	$-20\sim+80℃$
标距	150mm
安装方式	表面安装

（2）BGK-Micro-40 自动数据采集仪

BGK-Micro-40 自动网络监测系统如图 4.4-4 所示，采用最新的数据采集技术，是基于现代通信技术推出的新一代工程安全自动化监测系统。整个系统由监测中心计算机网络、安全监测系统软件（或 G 云平台）、BGK-Micro-40 自动化数据采集仪、传感器和智能式仪器（可独立作为网络节点的仪器）等设备组成，可完成各类工程安全监测仪器的自动测量、数据处理、图表制作、异常测值报警等工作。

自动化数据采集仪内置测量模块，每个通道均可采集振弦式仪器、差阻式仪器、标准电压电流信号、各类标准变送器和传感器、线性电位计式传感器等各类传感器，最多可实现 40 个通道的测量。此外，电源、通信接口及每个测量通道都具有防雷功能，保证雷雨天气数据采集的正常进行，主要技术指标如表 4.4-2 所示。

图 4.4-4　BGK-Micro-40 自动数据采集系统

BGK-Micro-40 自动数据采集系统主要技术指标　　　　表 4.4-2

信号类型	测量范围	准确度	分辨率
振弦式	频率:400~5000Hz 温度:−20~+80℃	频率:±0.1Hz 温度:0.5℃	频率:0.01Hz 温度:0.1℃
差阻式	电阻值:0.02~120.02Ω 电阻比:0.8000~1.2000	电阻和:<0.01Ω 电阻比:<0.0001	电阻和:0.01Ω 电阻比:0.00001
标准模拟量	电压:−10~+10V 电流:−24~+24mA	电压量:0.05%F.S. 电流量:0.05%F.S.	电压量:0.1mV 电流量:0.5μA
线性电位器	0~10kΩ	电阻比:0.0001 电阻值:10Ω	电阻比:0.00001 电阻值:0.1Ω
每通道测量时间:振弦<3s,差阻<4s		时钟精度:+1min/月	
系统功耗:待机≤0.48W;测量≤3W		数据存储容量 2M(1000 条记录)	

4.4.2　应力计工作原理

（1）读数与计算

BGK-4000 应变计的应变计算公式如下：

$$\varepsilon(\text{微应变}) = G \times C \times (R_1 - R_0)$$

式中　G——仪器标准系数；

$\quad\quad C$——平均修正系数；

$\quad\quad R_1$——当前读数；

R_0——初始读数。

（2）应变转换为应力

当获得应变计测量的应变后，可以通过计算得到结构应力。假设结构变形为弹性变形，并忽略弯矩的影响时：

$$\text{应力 } \sigma = \text{应变 } \varepsilon \times \text{弹性模量 } E$$

如果考虑弯矩，需要沿结构轴线均匀布置多只仪器。在柱形桩支撑上，围绕支撑每隔120°，设置三支应变计即可（4 支更好）。H 形桩或工形梁，至少需要 4 支应变计。在钢板桩上，需要两支应变计对称地安装在桩的两侧。当钢构件弯曲并且只有前表面可以接触到时，如隧道钢板衬砌或钢板桩的外部，可通过在距中性轴不同距离处安装两支振弦式应变计测出弯矩。

图 4.4-5 中工字梁的例子，四支应变计（1、2、3 和 4）每两支背对背地焊在中央工字梁腹。应变计位于高于工字梁腹中央的高度 c，两组应变计相距 $2c$，工字梁有两个凸缘，宽为 $2b$，梁腹深为 $2a$，梁腹厚为 d。

轴向应力通过四支应变计的平均应变数并乘以弹性模量而得出。

$$\sigma_{\text{axial}} = \frac{(\varepsilon_1 + \varepsilon_2 + \varepsilon_3 + \varepsilon_4)}{4} \times E$$

弯矩是通过计算安装在中性轴的相对两支应变计的读数的差计算得出的，y 轴最大弯矩为：

$$\sigma_{yy} = \frac{(\varepsilon_1 + \varepsilon_3) - (\varepsilon_2 + \varepsilon_4)}{4} \times \frac{b}{d} \times E$$

x 轴最大弯矩为：

$$\sigma_{xx} = \frac{(\varepsilon_1 + \varepsilon_2) - (\varepsilon_3 + \varepsilon_4)}{4} \times \frac{a}{c} \times E$$

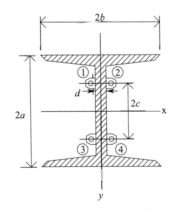

图 4.4-5　安装在中心腹板上的应变计

4.4.3　应力计安装方法

BGK-4000 系列应变计通常用于测量结构表面的应变。在钢结构上安装时，通常采用焊接安装块的方式。传感器不能通过焊接电流，否则将造成传感器的损坏。因此，传感器的安装应在焊接工作全部完成后进行，具体安装步骤如下：

（1）焊接安装块

利用一个根据仪器尺寸制作的安装杆定位并焊接安装块。安装块是成对提供的，焊接部位及顺序如图 4.4-6 所示。焊接时应避免过热，不能焊接平直端面，否则将影响仪器的拆装。焊接完成后，使用适当方法对安装块降温并去除焊渣，并检查调整两端块是否同心。

图 4.4-6　安装块的焊接顺序及部位示意图

（2）安装应变杆

待安装块安装牢固并降温后，拆下安装杆，穿入应变杆，如图 4.4-7 所示。

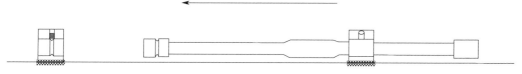

图 4.4-7　安装应变杆

（3）安装线圈

将线圈卡在应变计中部，将卡箍套在线圈上拧紧，如图 4.4-8 所示。将应变计有 V 形槽的一端用螺钉固定，调节另一端使之达到预期的初始读数，最后用螺钉固定。

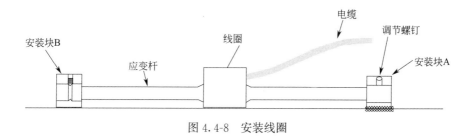

图 4.4-8　安装线圈

仪器安装就位后，记录初始读数、位置和编号，然后将传感器电缆接到数据采集仪上，并设置读数频率，开始自动采集数据。

4.5　小结

本章通过对新型 H 型钢支撑的生产制造技术、施工技术、轴力补偿技术、内力监测技术进行研究，提出了钢支撑生产制造、施工及轴力补偿的要求，并形成一套生产、施工、监测的技术，主要结论为：

（1）通过对生产制造技术的研究，得到新型 H 型钢支撑的生产流程和精度要求，保证支撑构件的加工质量。

（2）通过对钢支撑体系组成和支撑组合形式的研究，提出了一套新型 H 型钢支撑体系的标准化安装和施工流程，保证新型 H 型钢支撑的施工质量。

（3）通过对轴力补偿施工技术的研究，提出了预加轴力施加及补偿的要求和施工技术。千斤顶端部不宜直接与围檩接触，且需要做好防雨水和防机械碰撞措施。

（4）建立了一套适合新型 H 型钢支撑的内力实时监测系统，实时监测钢支撑轴力大小和变化规律，保证钢支撑支护体系的安全和稳定。

第 **5** 章

案例分析

5.1 上海汶水路静安府项目

5.1.1 工程概况

上海市北高新技术服务业园区 N070501 单元 10-03 地块住办商品房项目总承包工程位于上海市北高新技术服务园区核心位置，本工程东临平陆路、南临汶水路、西临云照路、北临云飞路，位于中外环间，紧邻中环，如图 5.1-1 所示。本工程二期地面建筑由 5 栋 17～33 层高层、7 栋多层建筑及配套物业管理社区用房等组成，下设 1～2 层地下室。总占地面积约 76314.60m²，总规划总建筑面积约为 301512m²，其中地上建筑面积约 213147m²，地下建筑面积约 88365m²，基坑开挖面积 48100m²。

图 5.1-1 项目地理位置示意图

1. 工程地质条件

根据本工程岩土工程初勘报告，拟建场地地貌类型属滨海平原地貌单元，地貌形态单一，地形较为平坦，一般地面标高在 +4.00m 左右。

场地地基土在勘察范围内均为第四系松散沉积物，主要为饱和黏性土、粉性土和砂土组成。拟建场地揭示土层主要为 9 个主要层次及分属不同层次的亚层，其中②～⑤层土为

全新 Q_4 沉积物，⑥～⑨层土为晚更新世 Q_3 沉积物。

根据初勘揭露地层资料，拟建场地基坑开挖影响深度范围内地基土分布有以下特点：

第①层杂填土：厚约 1.5～4.1m，结构松散，以杂填土为主，含碎石、碎砖等，下部为黏性土，含少量杂物。

第②层可根据土性差异划分为②₁层灰黄色黏质粉土层和②₃层灰色砂质粉土层。其中，第②₁层灰黄色黏质粉土层，层厚约 0.6～2.7m，P_s 平均值约 1.01MPa。第②₃层灰色砂质粉土，层厚约 2.0～3.8m，P_s 平均值约 3.77MPa，该土层土性较好，地下 1 层区基坑侧壁主要位于该层，对控制基坑变形有利，可节约大量坑内加固费用；不利的方面是，该层土砂性较重，渗透性较好，在排桩围护结构施工时容易发生塌孔、扩径等不利影响；另外，该土层对止水帷幕的施工质量提出了很高的要求，开挖期间若有渗漏点，该层土在水头压力作用下易发生管涌、流砂等不良地质现象，在基坑围护设计中需特别注意浅部该层土对围护施工及开挖的不利影响。

场地第③层灰色淤泥质粉质黏土，层厚约 1.6～4.1m，第④层灰色淤泥质黏土，层厚约－9～7m，该两层土均为抗剪强度较差的流塑状黏性土，在动力作用下强度降低易产生侧向位移，对基坑踢脚稳定不利。

拟建场地典型工程地质剖面如图 5.1-2 所示。

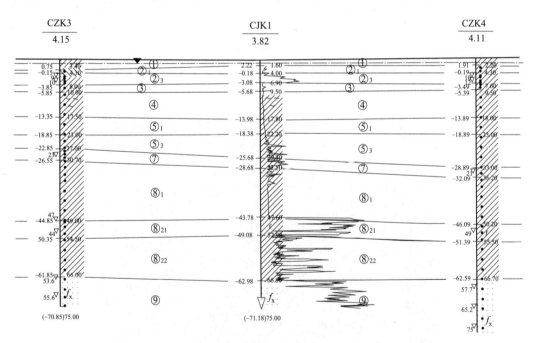

图 5.1-2　典型工程地质剖面图

2. 水文地质条件

拟建场地地下水由浅部土层中的潜水和深部土层中的承压水组成，地下水补给来源主要为大气降水和地表径流。

（1）潜水

建场地浅部地下水属潜水类型，受大气降水及地表径流补给。勘察期间实测地下水初见水位埋深为 0.5～1.45m（绝对标高 3.53～2.61m），根据上海市地方标准《地基基础设计规范》DGJ 108-11—2010 有关条款，上海地区水位埋深一般在 0.3～1.5m，年平均水位埋深为 0.5～0.7m，基坑围护设计时取地下高水位埋深 0.50m 计算。

基坑开挖一般要求地下水位需降到基坑开挖面以下 0.5～1.0m。因此潜水主要采用疏干方式进行降水，根据基坑开挖深度，地下 1 层区域可采用轻型井点降水，地下 2 层区域可采用真空深井降水。

（2）承压水

本场地内承压水含水层主要为⑦层、⑧$_{21}$ 层、⑨层砂性土层。根据上海地区工程经验，承压水水位低于潜水水位，呈周期性变化，水位埋深约 3.0～12.0m，本场地⑦层面埋深最浅约 24.2m，承压水水位按照最不利 3.0m 考虑，基坑挖深 10.35m 时，承压水突涌验算为：$P_{cz}/P_{wy} > 1.05$，满足安全要求。

3. 钢支撑替换方案分析

新型 H 型钢支撑位于该地块 II 期基坑地下二层部分，位于地块北侧，如图 5.1-3 所示。基坑面积约 20000m^2，周长 630m，开挖深度 8.70～9.25m。南侧为一期结构（地下一层），其余侧为规划道路。基坑安全等级为二级，环境保护等级为三级。

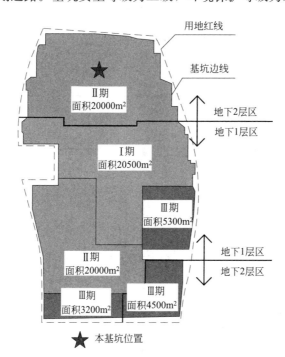

图 5.1-3　本基坑在施工现场的地理位置

本工程基坑支护原为 2 层混凝土支撑，如图 5.1-4 所示，支撑设计方案参数如表 5.1-1 所示。由于工期紧张，但是混凝土支撑施工周期长，且拆撑时还会产生大量的建筑垃圾，不但噪声大，还会污染环境。因此，为加快工程施工工期，提升项目绿色施工水平，减少建筑废弃物，本基坑将第二道钢筋混凝土支撑局部替换为新型 H 型钢支撑，如图 5.1-5 中线框内部分所示。钢支撑采用型钢 H400×400×13×21，钢围檩采用双拼型钢 H500×500×25×25，系杆采用双拼 32b 槽钢。

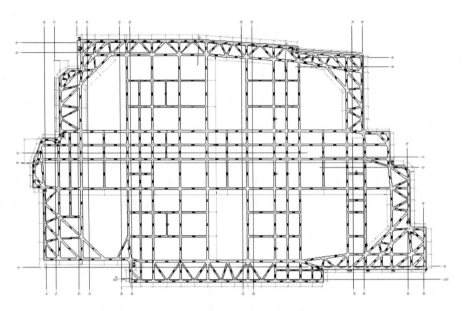

图 5.1-4　基坑支撑原设计方案

基坑支撑原设计方案参数　　　　　　　　　　　　　　　表 5.1-1

支撑系统	相对标高 （m）	围檩 （mm×mm）	主撑 ZC （mm×mm）	次撑 CC （mm×mm）
第一道	−2.050	1200×800	800×800	600×800
第二道	−6.000	1300×900	900×900	700×900

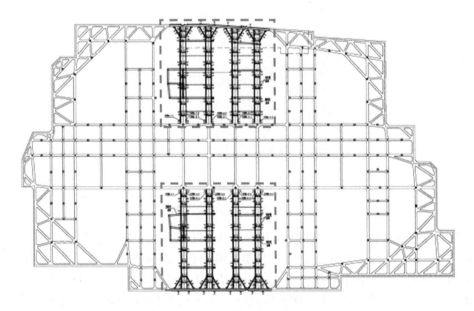

图 5.1-5　替换后第二道支撑平面图

5.1.2　钢支撑设计与分析

1. 基坑围护计算

根据不同开挖深度、支撑形式可选取如下计算断面。其中断面 1-1 为基坑北侧断面，开挖深度地下一层，第一道支撑为混凝土支撑，第二道为钢支撑；断面 2-2 为基坑南侧断面，开挖深度地下两层，但围护另一侧为地下一层已建地下室，第一道支撑为混凝土支撑，第二道为钢支撑，两个计算断面位置如图 5.1-5 所示。

（1）基坑计算断面 1-1

该基坑断面设计总深 5.6m，按二级基坑、选用上海市地方标准《基坑工程技术规范》DG/T J08-61—2010 进行设计计算，计算断面剖面如图 5.1-6 所示，土层参数如表 5.1-2 所示。

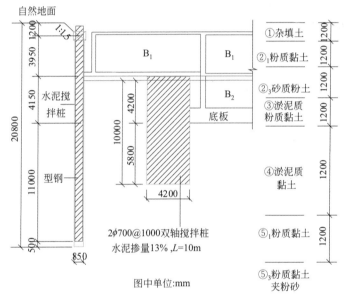

图 5.1-6　计算断面 1-1

1）土层参数

土层参数　　　　　　　　表 5.1-2

土层名称	γ (kN/m³)	c (kPa)	φ (°)	m (MN/m⁴)	K_{max} (MN/m³)	G_s	e
1	18.0	5.00	10.00	3.0	8.0	2.5	1.00
2-1	18.4	17.30	16.20	6.0	30.0	2.5	1.00
2-3	18.7	3.10	30.30	5.0	25.0	2.5	1.00
3	17.1	11.30	14.00	3.0	7.0	2.5	1.00
4	16.7	10.40	10.10	3.0	6.0	2.5	1.00
5-1	17.7	13.30	16.90	5.0	15.0	2.5	1.00
5-3	17.8	14.00	17.90	6.0	20.0	2.5	1.00

2）设计计算参数

围护沿其中心线纵向取单位长度按弹性地基梁模拟；支撑、围檩模拟成水平弹簧，坑内地基土模拟成土弹簧。地面超载取 20kPa。土弹簧考虑"时空效应"的经固化后的土弹簧刚度，侧向荷载按水土分算结果取值，地下水位按地面下 0.5m 计。

挡墙类型为 SMW 工法桩，嵌入深度为 14.7m，露出长度为 0m，搅拌桩直径 850mm，搭接长度 250mm，内插型钢布置方式为插二跳一，型号为 H700×300×13×24；水泥土重度为 19kN/m³，弹性模量为 300MPa，无侧限抗压强度标准值为 800kPa。

支撑结构共设两道，第一道为钢筋混凝土支撑，距墙顶深度 1.2m，支撑长度为 120m，支撑间距 14m，与围檩之间的夹角为 90°，不动点调整系数为 0.5，混凝土等级 C30，截面高 800mm，宽 800mm；第二道支撑为新型 H 型钢支撑，距墙顶深度 5.15m，支撑长度 45m，支撑间距 12.5m，与围檩之间的夹角为 90°，不动点调整系数为 0.99，型钢型号为 H400×400×13×21。

3）开挖与支护设计

基坑支护方案如图 5.1-7 所示。

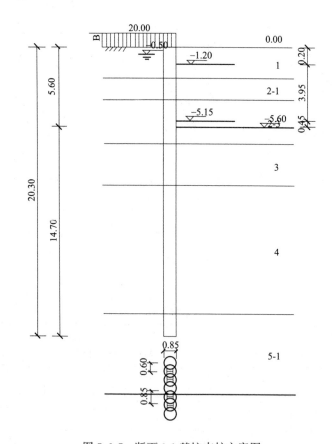

图 5.1-7　断面 1-1 基坑支护方案图

4）工况顺序

该基坑的施工工况顺序如图 5.1-8 所示。

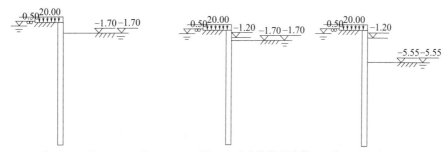

工况1：开挖至-1.70(深1.70)m　工况2：在-1.70(深1.70)m处安装第1道支撑　工况3：开挖至-5.44(深5.55)m

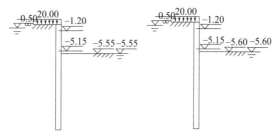

工况4：在-5.15(深5.15)m处安装第2道支撑　工况5：开挖至0.55(深5.6)m

图 5.1-8　计算工况图一

5）内力变形计算结果

计算结果如图 5.1-9 所示，每两根桩抗弯刚度 $EI = 870630 \text{kN} \cdot \text{m}^2$。其中，内力和土体抗力的计算结果是每两根桩的；支撑反力是每延米的。支（换）撑反力范围如表 5.1-3 所示。

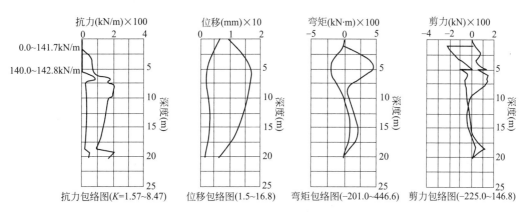

图 5.1-9　内力计算结果图二

支（换）撑反力范围表一　　　　　　　　　　　　　　　　　　表 5.1-3

	抗力	相对桩顶深度(m)	最小值(kN/m)	最大值(kN/m)
支撑	第1道支撑	1.20	0.0	141.7
	第2道支撑	5.15	140.0	142.8

注：坑内侧土体抗力安全系数：1.57～8.47。

（2）基坑计算断面 2-2

该断面基坑设计总深 3.7m，按三级基坑、选用上海市地方标准《基坑工程技术规范》DG/T J08-61—2010 进行设计计算，计算断面剖面如图 5.1-10 所示，土层参数如

表 5.1-4 所示。

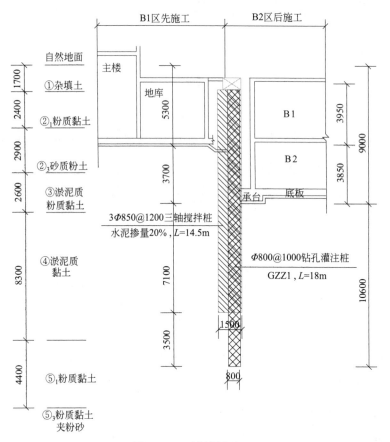

图 5.1-10　计算断面 2-2

1）土层参数

土层参数　　　　　　　　　　　　　　　　　　　　　　表 5.1-4

土层名称	γ (kN/m³)	c (kPa)	φ (°)	m (MN/m⁴)	K_{max} (MN/m³)	G_s	e
2-3	18.7	3.10	30.30	5.0	25.0	2.5	1.00
3	17.1	11.30	14.00	3.0	7.0	2.5	1.00
4	16.7	10.40	10.10	3.0	6.0	2.5	1.00
5-1	17.7	13.30	16.90	5.0	15.0	2.5	1.00
5-3	17.8	14.00	17.90	6.0	20.0	2.5	1.00

2）设计计算参数

围护沿其中心线纵向取单位长度按弹性地基梁模拟；支撑、围檩模拟成水平弹簧，坑内地基土模拟成土弹簧。地面超载取 50kPa。土弹簧考虑"时空效应"的经固化后的土弹簧刚度，侧向荷载按水土分算结果取值，地下水位按地面下 0.0m 计。

挡墙类型为钻孔灌注桩，嵌入深度为 10.65m，露出长度为 4.5m，桩径 800mm，桩间距 1000mm，混凝土等级为 C30。

支撑结构共设两道，第一道为钢筋混凝土支撑，距墙顶深度 0.4m，工作面超过深度

0.5m，预加轴力 0 kN/m，支撑长度为 120m，支撑间距 14m，与围檩之间的夹角为 90°，不动点调整系数为 0.5，混凝土等级 C30，截面高 800mm，宽 800mm；第二道支撑为新型 H 型钢支撑，距墙顶深度 4.35m，工作面超过深度 0.5m，预加轴力 140.00kN/m，支撑长度 45m，支撑间距 12.5m，与围檩之间的夹角为 90°，不动点调整系数为 0.99，型钢型号为 H400×400×13×21。

3）开挖与支护设计

基坑支护方案如图 5.1-11 所示。

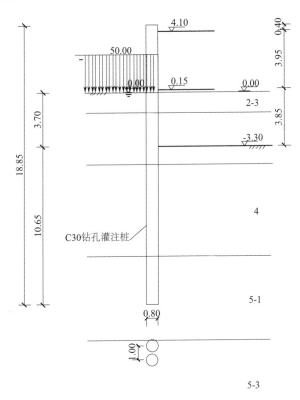

图 5.1-11　断面 2-2 基坑支护方案图

4）工况顺序

该基坑的施工工况顺序如图 5.1-12 所示。

5）内力变形计算结果

内力变形计算结果如图 5.1-13 所示，每根桩抗弯刚度 $EI=603186$kN·m^2。其中内力和土体抗力的计算结果是每根桩的；支撑反力是每延米的。支（换）撑反力范围表如表 5.1-5 所示。

支（换）撑反力范围表二　　　　　　　　　　表 5.1-5

	抗力	相对桩顶深度（m）	最小值（kN/m）	最大值（kN/m）
支撑	第 1 道支撑	0.40	−57.3	6.2
	第 2 道支撑	4.35	140.0	248.7

注：坑内侧土体抗力安全系数：1.37～8.21。

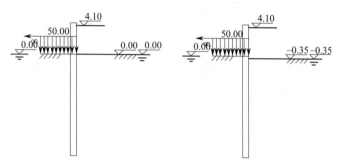

工况1：在4.10(深-4.10)m处安装第1道支撑(锚)　工况2：开挖至-0.35(深0.35)m

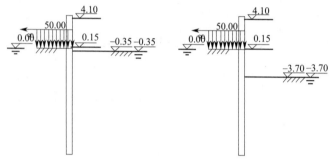

工况3：在0.15(深-0.15)m处安装第2道支撑(锚)　工况4：开挖至-3.70(深3.7)m

图 5.1-12　计算工况图一

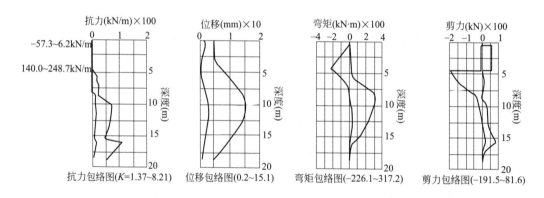

抗力包络图(K=1.37~8.21)　位移包络图(0.2~15.1)　弯矩包络图(-226.1~317.2)　剪力包络图(-191.5~81.6)

图 5.1-13　内力计算结果图二

2. 平面支撑体系有限元分析

（1）模型及计算参数

计算模型为钢支撑和混凝土支撑的组合支撑体系，建立二维框架有限元分析模型如图 5.1-14 所示，框架长 195m，宽 120m。单侧钢支撑长度为 45m，钢支撑、八字撑、连杆 H 型钢截面为 H400×400×13×21，钢围檩为双拼 H500×500×25×25，钢系杆采用双拼 32b 槽钢。混凝土支撑截面为 1300mm×900mm，1000mm×900mm，700mm×900mm。边界条件为钢支撑和混凝土支撑采用固定连接，水平主撑和连杆也采用固定连接，框架模型四个角加固定约束，钢支撑与立柱连接处加限制左右移动约束，只能轴线位移。围檩水平分布荷载按上节计算得到的支撑水平分布力确定。

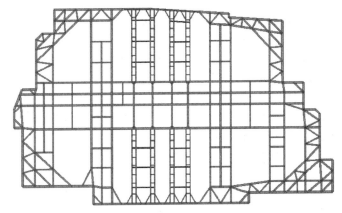

图 5.1-14 平面支撑体系有限元模型图

（2）计算结果

有限元计算结果如图 5.1-15～图 5.1-18 所示。

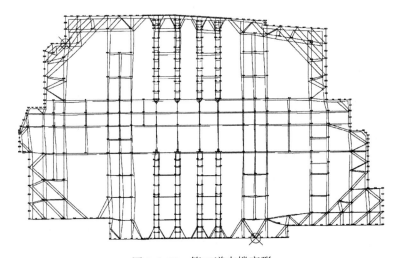

图 5.1-15 第二道支撑变形

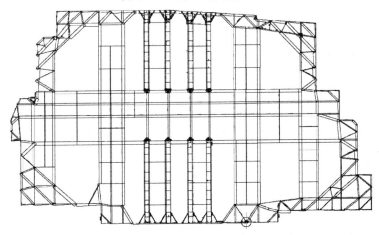

图 5.1-16 第二道支撑轴力

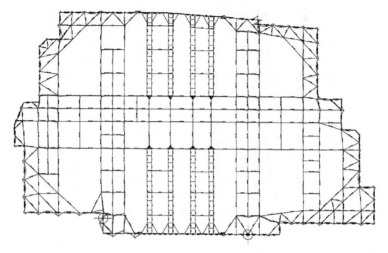

图 5.1-17　第二道支撑弯矩

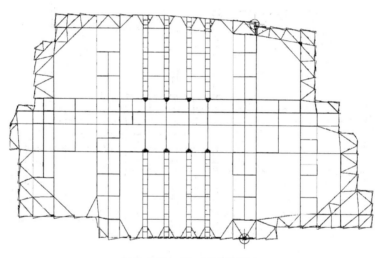

图 5.1-18　第二道支撑剪力

（3）计算汇总

计算汇总如表 5.1-6 所示。

计算结果汇总　　　　　　　　　　　　　　　　　　表 5.1-6

位置　　各项数据	最大轴力(kN)	最大弯矩(kN·m)	最大剪力(kN)
第二道钢支撑	1537	—	—
第二道钢斜撑	1181	—	—
第二道钢围檩	—	556	540

（4）结果分析

有限元分析结果表明：双拼两根 H 型钢在整个基坑开挖过程，轴力基本一致，协同作用，连杆几乎不受力，不会因为错动产生剪切。基坑开挖过程中，钢支撑轴力随着开挖深度的增加而增大。多跨单根 H 型钢，在支撑长度范围内，轴力在各处基本相同，且和实际值相同，轴力在约束节点无预加力的损失。八字撑斜撑受力较小，和对撑一起承担围檩处传来的压力，减小围檩处的弯矩。八字撑中间连杆和其他处连杆不同，此处连杆有轴力，抵抗八字撑对主撑的挤压。

对比施加和不施加预加力的工况，施加预加力基坑位移明显小于不施加预加力，预加力的作用提前控制了基坑的位移，有利于周边环境的保护。

根据理论计算，立柱隆沉在一定范围内，钢构件在压弯作用仍然保持稳定，不影响钢支撑的稳定性。

3. 关键节点设计

钢支撑体系中的关键节点主要有钢围檩与混凝土围檩节点，钢支撑与混凝土支撑节点、端部八字撑节点，钢立柱、系杆、支撑连接节点，钢围檩与围护结构连接节点以及钢支撑连接节点等，如图 5.1-19 所示，各关键节点设计方法如图 5.1-20～图 5.1-24 所示。

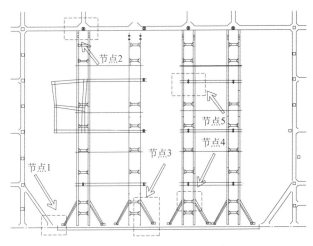

图 5.1-19　关键设计节点示意图

（1）钢围檩与混凝土围檩节点

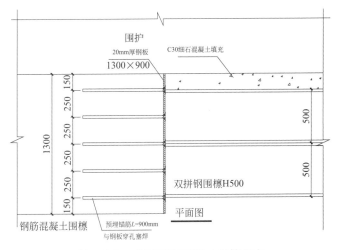

图 5.1-20　钢围檩与混凝土围檩节点

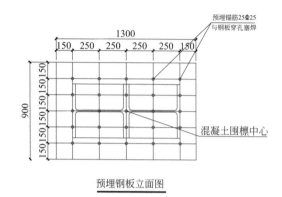

预埋钢板立面图

图 5.1-20　钢围檩与混凝土围檩节点（续）

（2）钢支撑与混凝土支撑节点

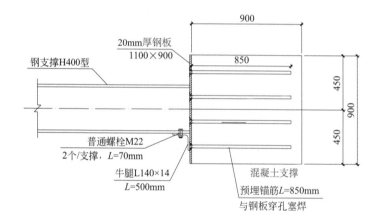

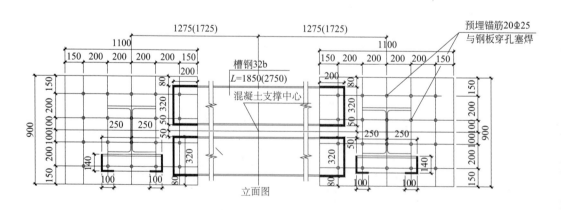

图 5.1-21　钢支撑与混凝土支撑节点

（3）端部八字撑节点

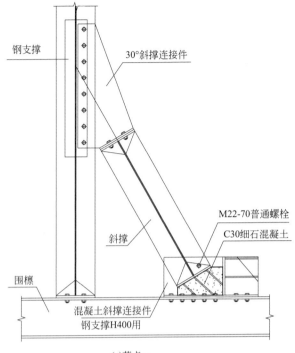

(a)节点一

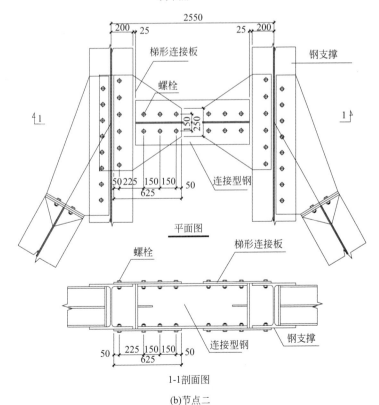

平面图

1-1剖面图

(b)节点二

图 5.1-22　端部八字撑节点

（4）钢围檩与围护连接节点

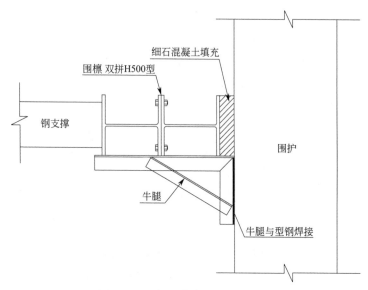

图 5.1-23 钢围檩与围护连接节点

（5）支撑连接节点

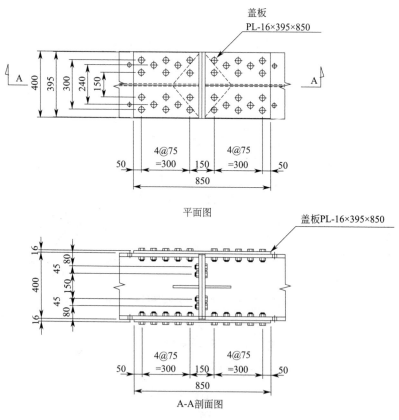

图 5.1-24 支撑连接节点

（6）钢支撑范围栈桥下钢立柱

基坑南北侧各 6 根栈桥下钢立柱，在第二道支撑位置立柱间采用钢系杆相互连接，减小立柱计算长度增强稳定性，如图 5.1-25 所示。

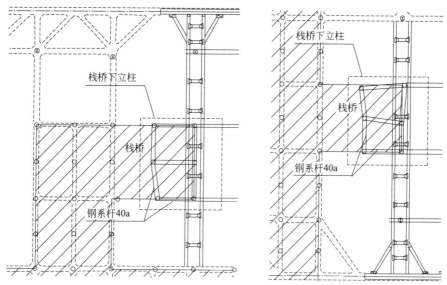

图 5.1-25 栈桥下钢立柱连接钢系杆

5.1.3 钢支撑施工

钢支撑现场安装采用 2 台 TC7525 塔式起重机吊装施工，吊臂均为 60m 长，主要负责南北两区的钢支撑吊装任务。为缓解钢支撑施工时塔式起重机的吊装压力，故另配一台 50t 汽车式起重机停于东西两侧栈桥上辅助施工，如图 5.1-26 所示。

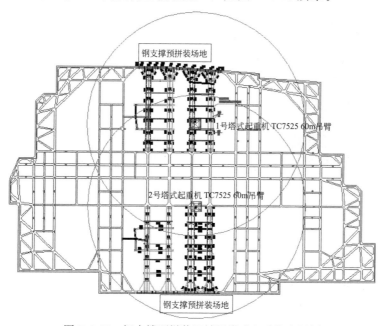

图 5.1-26 钢支撑预拼装区域及塔式起重机布置图

钢支撑整体安装顺序为从西向东安装，南北两区同时施工，以形成对撑。每道支撑安装时由钢围檩一侧向中间安装。整体安装顺序如图 5.1-27 所示。

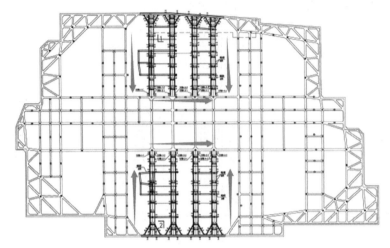

图 5.1-27　钢支撑整体安装顺序

钢支撑施工步骤如下。

（1）钢支撑构件拼装

为了便于模数化生产和施工，以及现场运输，单个钢支撑长度为 6m。钢支撑运输到现场后，根据实际情况进行现场拼装，如图 5.1-28 所示。

图 5.1-28　钢支撑构件现场拼装

（2）测量放线

在钢支撑构件安装之前进行测量放线，如图 5.1-29 所示，主要确定托梁、围檩、钢支撑埋板以及围檩埋板等的标高以及沿钢支撑轴线从混凝土支撑边缘到围护桩边缘的距离，包括围檩到围护桩的距离、钢支撑到围檩的距离、钢支撑到混凝土支撑的距离等。

图 5.1-29　钢支撑构件安装前测量放线

（3）钢支撑构件安装

1）牛腿安装

在钢支撑与基坑围护桩、钢立柱和混凝土支撑的连接位置焊接安装牛腿，如图 5.1-30 所示，用来安装托梁和钢支撑。焊接完成的牛腿如图 5.1-31 所示。

图 5.1-30　牛腿焊接安装

2）托梁安装

按各位置托梁长度切割托梁，并在相应位置安装托梁，要求保证托梁与钢管柱的连接可靠，如图 5.1-32 所示。

3）围檩安装

安装围檩时，直接将拼装连接好的围檩吊装到已焊接完成的牛腿上。围檩安装如图 5.1-33 所示。

图 5.1-31　焊接完成的牛腿

图 5.1-32　托梁安装

图 5.1-33　围檩安装

4）钢支撑安装

按设计分段拼装好部分节段钢支撑，然后按安装顺序连续安装每组钢支撑，如图 5.1-34、图 5.1-35 所示，在安装过程中应确保支撑轴线的安装误差在允许范围内。

图 5.1-34　围檩处钢支撑安装

图 5.1-35　中间钢支撑安装

5）八字撑安装

按照设计要求，按照顺序拼装八字撑，如图 5.1-36 所示。

图 5.1-36　八字撑安装

6）横杆拼装

安装钢支撑连接横杆，如图 5.1-37 所示。

图 5.1-37　横杆安装

7）拧紧螺栓

首先，检查钢支撑的竖向、水平向挠曲变形，不满足要求的要进行调整。调整完成后，拧紧连接螺栓，如图 5.1-38 所示。

图 5.1-38　拧紧螺栓

8）配件安装

采用钢框将千斤顶环绕起来，用角钢将托梁位置与钢支撑限制住位移，如图 5.1-39所示。

（4）浇筑混凝土

在围檩与围护桩之间的空隙内浇筑混凝土，填筑二者间隙，保证钢围檩的均匀受力，如图 5.1-40 所示。

图 5.1-39　配件安装图

图 5.1-40　围檩与围护桩浇筑混凝土完成图

图 5.1-41　千斤顶油压泵安装图

（5）千斤顶预加力

现场布置 16 个千斤顶，形成 4 组对撑，钢支撑预加轴力为 110t，分三级施加，第一级施加 40%，第二级施加 30%，第三级施加 30%，如图 5.1-41 所示。为保证钢支撑受力均匀和施工安全，轴力施加时，每组四个千斤顶预加力应同步进行施加，通过手动油泵加载，如图 5.1-42 所示。

（6）施工完成

钢支撑施工完成后的现场照片如图 5.1-43 所示。

图 5.1-42　千斤顶预加轴力图

图 5.1-43　钢支撑拼装完成现场图

5.1.4　监测分析

1. 现场监测布置方案

为了获得钢支撑体系不同部位的受力变化规律和支撑性能，对钢支撑体系进行了现场监测，监测主要分为钢支撑内力监测和基坑变形监测。其中，钢支撑轴力监测点布置如图 5.1-44 所示，基坑变形监测如图 5.1-45 所示。钢支撑每个轴力监测点设置 3～5 个应变计，布置方案如表 5.1-7 所示。

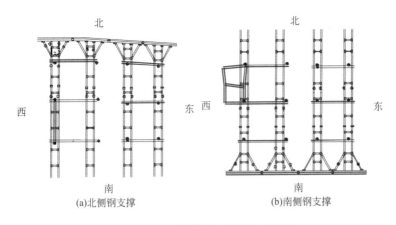

图 5.1-44　钢支撑轴力监测点布置图

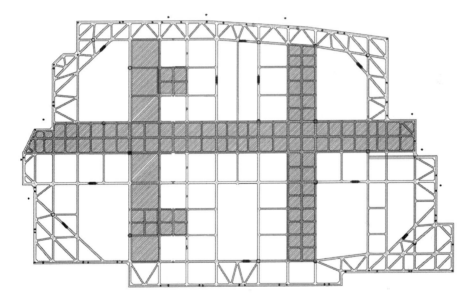

图 5.1-45　基坑边形监测点布置图

轴力监测点应变计布置方案　　　　　表 5.1-7

①	⑪	⊖	⊗金土木测点
断面1,共19个断面,57个应变计	断面2,共2个断面,10个应变计	断面3,共6个断面,18个应变计	断面4,共14个断面,42个应变计

2. 监测结果分析

（1）钢支撑轴力分析

1）轴力随时间变化规律

钢支撑轴力监测结果基本类似，为了能够较全面地体现钢支撑轴力随时间的变化规律，本节分别在四种类型的监测断面中各选择 1～4 个予以分析。监测断面类型一各测点的轴力变化规律如图 5.1-46 所示，从图中可以看出，随着施工的进行，钢支撑轴力有所波动，但是轴力还是基本呈现出逐渐增加的趋势，这说明随着基坑的开挖，围护桩发生了向基坑内侧的位移，导致作用在钢支撑上的轴力逐渐增大。但是，各根钢支撑的最大轴力均小于轴力报警值 3000kN，满足规范和设计要求。

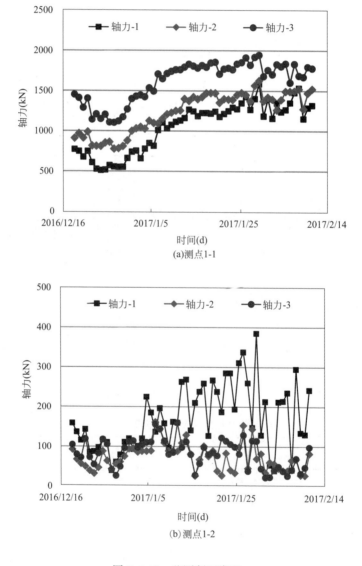

(a)测点1-1

(b)测点1-2

图 5.1-46　监测断面类型一

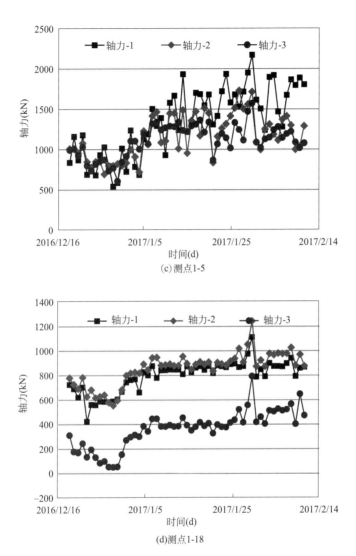

(c)测点1-5

(d)测点1-18

图 5.1-46　监测断面类型一（续）

　　监测断面类型二测点 2-2 的轴力变化规律如图 5.1-47 所示，从图中可以看出，钢支撑轴力变化规律与监测断面类型二基本一致，随着施工的进行，钢支撑轴力有所波动，但是轴力还是基本呈现出逐渐增加的趋势，这是由于随着基坑的开挖，围护桩发生了向基坑内侧的位移，导致作用在钢支撑上的轴力逐渐增大的缘故。但是，各根钢支撑的最大轴力均小于轴力报警值 3000kN，满足规范和设计要求。

　　监测断面类型三各测点的轴力变化规律如图 5.1-48 所示，从图中可以看出，钢支撑轴力变化规律与监测断面类型一和类型二基本一致，随着施工的进行，钢支撑轴力有所波动，但是轴力还是基本呈现出逐渐增加的趋势，这是由于随着基坑的开挖，围护桩发生了向基坑内侧的位移，导致作用在钢支撑上的轴力逐渐增大的缘故。但是，各根钢支撑的最大轴力均小于轴力报警值 3000kN，满足规范和设计要求。

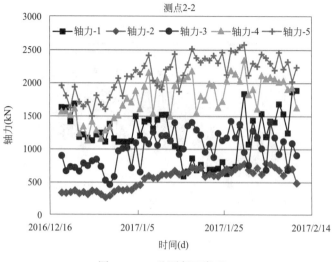

图 5.1-47 监测断面类型二

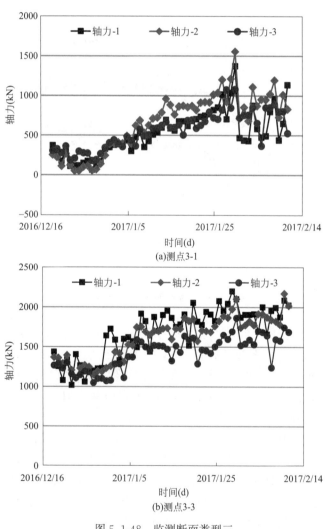

(a)测点3-1

(b)测点3-3

图 5.1-48 监测断面类型三

　　监测断面类型四各测点的轴力变化规律如图 5.1-49 所示,从图中可以看出,钢支撑轴力变化规律与监测断面类型一、类型二和类型三基本一致,随着施工的进行,钢支撑轴力有所波动,但是轴力还是基本呈现出逐渐增加的趋势,这是由于随着基坑的开挖,围护桩发生了向基坑内侧的位移,导致作用在钢支撑上的轴力逐渐增大的缘故。但是,各根钢支撑的最大轴力均小于轴力报警值 3000kN,满足规范和设计要求。

　　2) 轴力受温度影响

　　由于受到钢材热胀冷缩的影响,随着温度的变化,钢支撑轴力也会发生变化。为了分析钢支撑轴力随温度的变化规律,选取 2016 年 12 月 30 日和 2017 年 1 月 28 日两天的监测数据,绘制钢支撑轴力与温度之间的关系如图 5.1-50 所示。图中展示了 6 个测点的钢支撑轴力随温度的变化规律,从图中可以看出,钢支撑轴力随着温度的升高而增大,钢支撑轴力增量与温度呈现线性关系。钢支撑温度每升高 1℃,其轴力增加约 20～60kN。

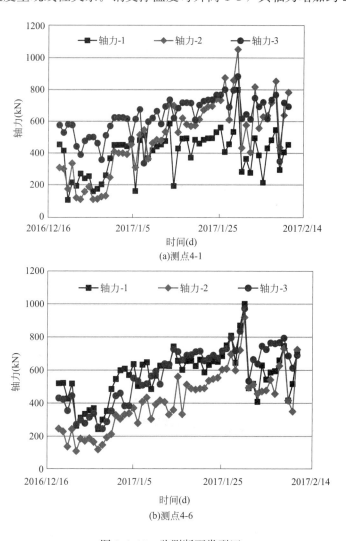

(a)测点4-1

(b)测点4-6

图 5.1-49　监测断面类型四

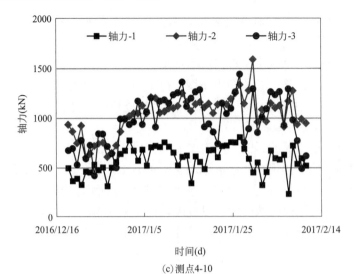

(c)测点4-10

图 5.1-49　监测断面类型四（续）

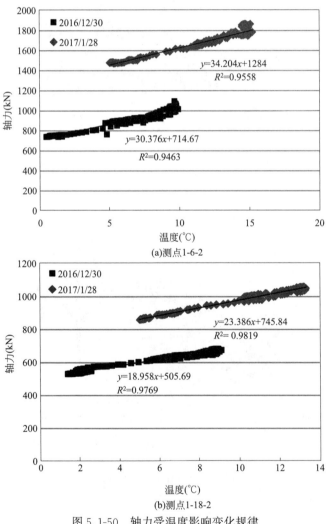

(a)测点1-6-2

(b)测点1-18-2

图 5.1-50　轴力受温度影响变化规律

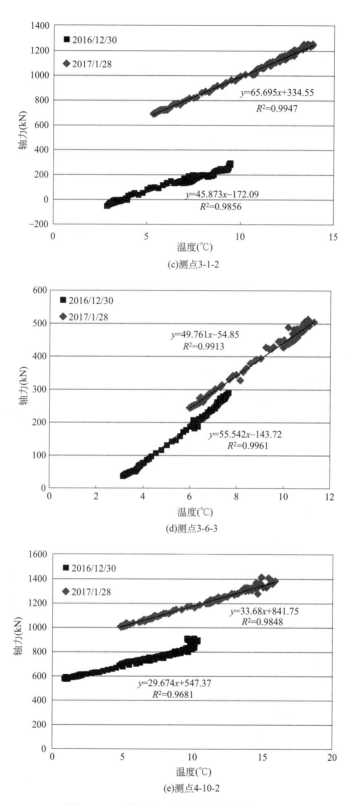

(c)测点3-1-2

(d)测点3-6-3

(e)测点4-10-2

图 5.1-50　轴力受温度影响变化规律（续）

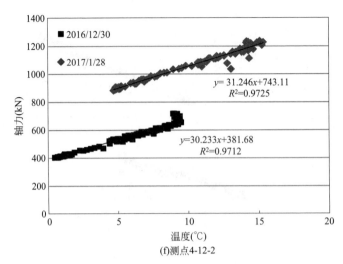

(f)测点4-12-2

图 5.1-50　轴力受温度影响变化规律（续）

（2）位移监测

1）围护桩桩顶位移

为了验证钢支撑的支撑效果，在基坑开挖过程中，对围护桩桩顶位移以及桩体水平测斜进行了现场监测。钢支撑位置的围护桩桩顶垂直位移和水平位移如图 5.1-51 所示，从图中可以看出，随着基坑的开挖，围护桩桩顶垂直位移和水平位移都呈现增大的趋势，但最终稳定在 30mm 以内，满足设计要求。因此，本研究提出的新型 H 型钢支撑体系满足工程要求。

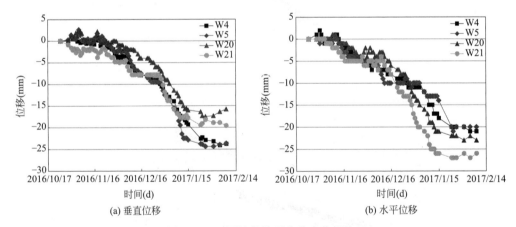

(a) 垂直位移　　(b) 水平位移

图 5.1-51　围护桩桩顶位移变化规律

2）围护桩桩体水平测斜

钢支撑位置的围护桩桩体水平测斜位移如图 5.1-52 所示，从图中可以看出，随着基坑的开挖，围护桩桩体水平测斜位移都呈现增大的趋势，其中桩顶和桩底位置位移最小，坑底位置桩体水平测斜位移最大，但最终稳定在 25mm 以内，满足设计要求。因此，本研究提出的新型 H 型钢支撑体系满足工程要求。

（3）300t 极限荷载原位试验

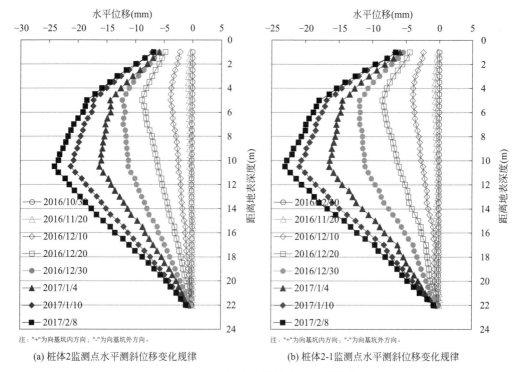

(a) 桩体2监测点水平测斜位移变化规律　　(b) 桩体2-1监测点水平测斜位移变化规律

图 5.1-52　围护桩桩体水平测斜位移

在底板浇筑完成、钢支撑拆除前，通过千斤顶单组 2 根 H 型钢同时施加 300t 的轴力，进行现场极限荷载原位试验。试验最大加载轴力为 300t，分级加载，在 210t 前，每级增加 20t 轴力，大于 210t 后，每级增加 10t 轴力。试验过程中，对钢支撑及混凝土支撑的变形、钢支撑的轴力进行了监测。整根钢支撑各处的轴力在 285～300t，基本相同。钢支撑只有微小的变形，混凝土支撑变形也很小，均在 5mm 以内。结果表明，变形值均较小，不影响钢支撑体系的受力安全性能。图 5.1-53 为现场试验测量钢支撑的位移。

图 5.1-53　极限荷载试验钢支撑位移测量

5.1.5　小结

本节以上海汶水路静安府工程项目为依托，分析确定了用新型 H 型钢支撑替换第二道局部混凝土支撑的方案。通过基坑剖面计算和有限元分析得到作用在钢支撑上的荷载和变形，然后以此为依据进行了关键节点设计，并进行了现场施工。最后通过现场埋设钢支撑应变计和基坑变形传感器，对基坑施工过程中的钢支撑内力和基坑变形进行了实时监测，可以得到如下结论。

（1）通过对原基坑支护方案分析，提出了采用新型 H 型钢支撑替换第二道局部混凝土支撑的方案，其中新型 H 型钢支撑采用型钢 H400×400×13×21，钢围檩采用双拼型钢 H500×500×25×25，系杆采用双拼槽钢 32b。

（2）根据钢支撑支护体系形式和位置，选取典型剖面进行了基坑围护计算，得到作用在支撑上的轴力最大为 248.7kN/m，坑内侧土体抗力安全系数为 1.3～8.5。

（3）建立平面支撑体系有限元模型，并将基坑围护计算得到的荷载施加到围护体系上进行有限元分析，结果表明：

①双拼两根 H 型钢在整个基坑开挖过程，轴力基本一致，协同作用，连杆几乎不受力，不会因为错动产生剪切；

②基坑开挖过程中，钢支撑轴力随着开挖深度的增加而增大。多跨单根 H 型钢，在支撑长度范围内，轴力在各处基本相同；

③八字撑斜撑受力较小，和对撑一起承担围檩处传来的压力，减小围檩处的弯矩。八字撑中间连杆和其他处连杆不同，此处连杆有轴力，抵抗八字撑对主撑的挤压；

④ 对比施加和不施加预加力的工况，施加预加力基坑位移明显小于不施加预加力，预加力的作用提前控制了基坑的位移，有利于周边环境的保护。

（4）根据有限元计算结果，分别对钢支撑、钢斜撑（八字撑）、钢围檩等构件进行验算，验算结果表明，各构件满足设计安全要求。

（5）根据钢支撑特性，确定钢支撑整体和各构件的安装顺序，其中整体安装顺序为从西向东安装，南北两区同时施工，以形成对撑；每道支撑安装时由钢围檩一侧向中间安装。

（6）现场监测结果表明：

① 随着施工的进行，钢支撑轴力有所波动，整体呈现逐渐增加的趋势，同一监测断面，轴力基本一致；最终，各根钢支撑的最大轴力均小于轴力报警值 3000kN，满足规范和设计要求；

② 钢支撑轴力随着温度的升高而增大，钢支撑轴力增量与温度呈现线性关系。钢支撑温度每升高 1℃，其轴力增加约 20～60kN；

③ 随着基坑的开挖，围护桩桩顶垂直位移和水平位移都呈现增大的趋势，但最终稳定在 30mm 以内，满足设计要求；

④ 随着基坑的开挖，围护桩桩体水平测斜位移都呈现增大的趋势，其中桩顶和桩底位置位移最小，坑底位置桩体水平测斜位移最大，但最终稳定在 25mm 以内，满足设计要求；

⑤ 现场极限荷载原位试验表明：在最大设计荷载压力下，钢支撑和混凝土支撑变形

值均较小，在 5mm 以内，不影响钢支撑体系的安全受力性能。

5.2 南京 G45 项目

5.2.1 工程概况

NO.2014G45 地块项目总承包工程位于南京市雨花台区丁墙路南侧、石林家乐家西侧，由一栋 35 层超高层办公主楼及其 4 层商业裙楼、一栋 21 层 LOFT 办公、一栋 24 层酒店式公寓及 3 层地下车库组成。

1. 基坑概况

本工程基坑面积约 14996m^2，基坑围护结构长度 498m，自然地面绝对标高约 11～12.5m，北低南高，场地起伏高差 1.5m 左右，基坑开挖深度 14～15.5m，平均挖深 14.8m。本基坑基本保护单元为北侧和西侧的城市道路及其地下管线、路面线杆，以及东侧和南侧的多层建筑，其中重点保护单元是西侧的 1600mm 直径给水管线，基坑侧壁安全等级为一级。

基坑总体支护方案采用排桩＋首层临时钢支撑＋双层一体化内撑＋部分区域同步向上逆作方案：钢筋混凝土灌注桩排桩作为外围护结构体，顶板标高附近设置临时钢支撑，利用 B1 层和 B2 层部分地下室楼面梁板作为一体化内撑，B1 层一体化内撑成型后拆除临时钢支撑。

基坑围护平面如图 5.2-1 所示，本工程平面位置如图 5.2-2 所示，本工程总体效果图如图 5.2-3 所示。

图 5.2-1 基坑围护设计平面

图 5.2-2　工程平面位置

图 5.2-3　工程整体效果

2. 现场及周边环境

工程场地地层变化较复杂，大部分有较深厚的淤泥质土层，并存在水头较高的承压水含水层；周边环境要求和变形控制要求高，其中西侧离坑边 10m 处的一根 1.6m 直径城市给水干管是保护重点中的重点，另外基坑西侧有路面线杆、北侧有市政地下管线、东侧南侧有多层建筑。

项目周边情况如图 5.2-4 所示。

3. 水文地质概况

（1）水文概况

潜水：由人工填土层和②层新近沉积土组成潜水含水层。场地地下水稳定水位埋藏较浅，一般在自然地面下 1.0～2.3m，年变化幅度在 1.0m 左右，主要接受大气降水及周围生活用水入渗补给和地下管线渗漏补给。南京地下水水位最高一般在 7～8 月份，最低水位多出现在旱季 12 月份至翌年 3 月份。

承压水：承压含水层为④层含卵砾石粉质黏土。隔水顶板为③层黏性土，隔水底板为

图 5.2-4　工程周围环境

下伏基岩，承压水头高程约 10m。该含水层整个场地均有分布，个别钻孔缺失，厚度变化较大，渗透性较强，水量较丰富。其补给来源为地下径流以及上层孔隙潜水的越流补给，以地下径流为主要排泄方式，水头较为稳定，随季节不同略有升降变化，其年变幅较潜水小，约为 1.0m。因受坳沟切割，该层承压水隔水顶板部分已被揭穿，与潜水含水层相通，两含水层之间有水力联系。

（2）地质概况

勘察揭示，场地地貌单元为阶地，发育有坳沟亚地貌。

根据岩土层沉积年代、成因类型、岩土的工程特性和状态进行分层，勘察深度内的岩土层可分为 15 层，自上至下分述如表 5.2-1 所示，地层分布如图 5.2-5 所示。

岩土情况一览　　　　　　　　　　　　　　　　　　　　　　　表 5.2-1

土层	土层评价	土层埋深和层厚	承载力特征值 f_{ak}
①₁ 杂填土	由粉质黏土混碎砖、碎石、混凝土块等建筑垃圾填积	在自然地面下 4.0～4.5m 和 1.5～2.9m 为混凝土，层厚 0.3～5.2m	—
①₂ 素填土	由黏土、粉质黏土混少量碎砖屑填积，夹植物根茎	层顶埋深 0.3～4.5m，层厚 0.3～3.1m	—
①₂ₐ 素填土	由黏土混少量碎砖屑填积，夹少量腐殖物	层顶埋深 4.2m，层厚 0.6m	—
①₃ 淤泥质填土	流塑，含腐殖物，夹少量碎砖、石子	层顶埋深 0.9～4.8m，层厚 0.8～4.4m	—
②₁ 粉质黏土、黏土	软～可塑，切面有光泽，韧性、干强度中等偏高	层顶埋深 1.9～4.9m，层厚 0.4～2.6m	100kPa
②₁ₐ 粉质黏土	可～软塑，夹粉土，呈低塑性，切面稍有光泽，韧性、干强度中等	层顶埋深 2.5～6.4m，层厚 0.4～3.1m	100kPa
②₂ 淤泥质粉质黏土、粉质黏土	流～软塑，切面稍有光泽，韧性、干强度中等，局部夹薄层粉土	层顶埋深 4.2～6.8m，层厚在 0.8～14.5m	70kPa
②₃ 粉质黏土	可塑，局部软塑，切面稍有光泽，韧性、干强度中等	层顶埋深 5.4～19.0m，层厚在 0.5～3.0m	120kPa
③₂ 粉质黏土	硬～可塑，局部软塑，含铁锰氧化物，切面稍有光泽，韧性、干强度中等	层顶埋深 0.9～14.5m，层厚 0.7～14.7m	185kPa
③₃ 粉质黏土	可～硬塑，含铁锰氧化物。切面稍有光泽，韧性、干强度中等	层顶埋深 8.0～16.5m，层厚 1.2～9.0m	220kPa

续表

土层	土层评价	土层埋深和层厚	承载力特征值 f_{ak}
③₄ 粉质黏土	可塑,局部软塑,含粉粒,切面稍有光泽。韧性、干强度中等	层顶埋深 14.0～22.3m,层厚 0.1～6.0m	180kPa
④含卵砾石粉质黏土	可塑,卵砾石含量一般在 5%～30%,以石英质为主	层顶埋深 13.5～22.0m,层厚 0.6～6.0m	200kPa
⑤₁ 强风化细砂岩、粉砂质泥岩、泥岩	风化强烈,岩石结构大部分破坏,手捏易碎,层底部夹少量中风化岩碎块,属极软岩,遇水易软化	层顶埋深 15.4～23.5m,层厚 0.5～4.7m	250kPa
⑤₂ 中风化粉砂质泥岩、泥岩	局部夹细砂岩,泥质胶结,结构面倾角 15°～30°,属极软岩,遇水易软化,岩体较破碎～较完整,微张裂隙发育,裂隙中充填石膏	层顶埋深 18.2～42.5m,该层未完全揭露,揭露层厚 0.8～25.0m	1300kPa
⑤₃ 中风化细砂岩	泥钙质胶结,夹薄层泥质粉砂岩、粉砂质泥岩,结构面倾角 15°～30°,以软岩为主,局部为较软岩,岩体较完整,少量闭合裂隙发育	层顶埋深 19.4～44.0m,未钻穿,揭露层厚 0.3～25.6m	4100kPa

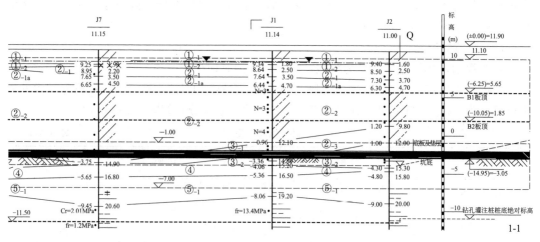

图 5.2-5 典型工程地质剖面图

4. 气候情况

南京位于长江冲积平原上,属亚热带湿润型季风气候;四季分明,雨水充沛,日照充足,温度适宜。月最高平均气温为 27.3℃,极端最低气温为 −10.8℃,极端最高气温为 43℃。

5. 受力安全性分析

基坑开挖深度虽然为 14～15.5m,平均挖深 14.8m,基坑开挖深度较深。但是,由于本工程采用顺逆结合的施工方法,当开挖到相应位置后浇筑楼板兼做基坑支撑,各层楼板承受主要的土压力作用,且钢支撑作首道支撑使用(涉及的开挖深度为 6.5m),所以钢支撑受力较小,完全满足其受力安全的要求。同时,原设计中第一道支撑便为钢管支撑,采用型钢支撑的刚度与钢管支撑相近,所以也满足安全性要求。综上,型钢支撑在本工程中的应用满足安全性要求。

6. 工期分析

计划开工日期 2017 年 04 月 12 日（以业主、监理批准的开工工期为准），2 号楼、3 号楼 2018 年 12 月 31 日竣工验收完成，1 号楼 2019 年 12 月 27 日竣工验收完成，工期 990 日历天。

本工程工期很紧，为达到预期工期目标必然需采取相应措施节省相应工序的工期。但是结构的施工工艺较为完善和成熟，很难较大地节省该部分的施工工期，而地下工程的工期根据施工工艺的选择和施工工序的调整等方法有较大的调整空间。通过理论计算和之前上海示范工程的实践，型钢支撑的施工工艺与混凝土支撑相比可以较大地节约工期；而与钢管支撑相比，型钢支撑拼装采用螺栓连接，可以大大节省现场焊接工作，从而较钢管支撑可以进一步节省工期，所以型钢支撑在工期节约方面有较大的优势。

7. 与钢管支撑比较分析

预加轴力方面的比较分析：钢管支撑和型钢支撑均有施加预加轴力的施工工序，但是两者有较大的区别。钢管支撑施加预加轴力的过程是，先用千斤顶对其施加到要求的预加轴力，然后用钢楔打入从而替换掉端部的千斤顶，容易造成预加轴力的损失，对基坑变形控制不利。型钢支撑在安装后，端部直接与特定的千斤顶连接作为钢支撑的一部分，施加预加轴力后一直保留在支撑端部，可以随时根据支撑轴力的变化情况进行压力调整，从而有利于基坑变形的控制。

施工便捷性比较分析：钢管支撑的施工需要现场焊接抱箍，焊接工作量大，而型钢支撑的抱箍连接大部分采用螺栓连接，施工操作简便。这也是型钢支撑施工工期少于钢管支撑的原因之一。

重复利用率的比较分析：钢管支撑的每次使用中，为保证支撑的整体刚度，需在钢支撑间焊接临时加固的系杆，焊接和切割的过程会使钢管损伤，缩短钢管支撑的使用寿命。型钢支撑与系杆的连接均采用螺栓连接，不存在焊接损伤，所以重复利用率远大于钢管支撑。

综上所述，无论是从安全、工期还是从钢管支撑的比较分析来考虑，型钢支撑均适用于本基坑工程。

5.2.2　钢支撑设计与分析

1. 设计范围

南京 G45 地块基坑工程，南侧为钢管支撑，北侧为型钢支撑，本设计的范围为北侧型钢。钢支撑分布示意如图 5.2-6 所示，基坑围护的分段如图 5.2-7 所示。

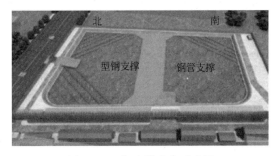

图 5.2-6　钢支撑分布示意图

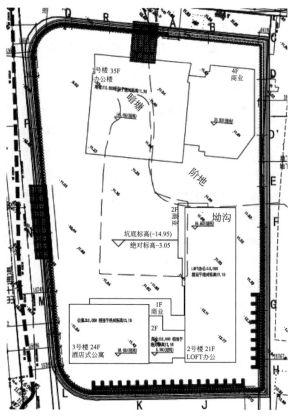

图 5.2-7　基坑围护分段图

2. 围檩荷载计算

对 AE、EJ、KN、NQ 四段基坑围护进行围檩荷载计算：选取各段围护土层分布中最不利钻孔，利用有限元软件计算围檩荷载，其中 AE 段计算结果为 115.6kN/m，EJ 段计算结果为 248.07kN/m，KN 段计算结果为 204.22kN/m，NQ 段计算结果为177.02kN/m。

（1）瀚威 EJ 段计算

EJ 验算段的土层参数取该区段内勘察最不利钻孔土层的参数，如表 5.2-2 所示。

EJ 段验算土层参数取值表　　　　　　　表 5.2-2

层号	土类名称	层厚(m)	重度(kN/m³)	黏聚力(kPa)	内摩擦角(°)	m 值(MN/m⁴)
1	杂填土	2.40	18.5	5.00	15.00	3.50
2	粉土	1.90	18.5	22.40	8.90	2.93
3	粉土	1.60	19.1	17.60	19.40	7.35
4	淤泥质土	14.10	18.4	13.40	14.20	3.95
5	黏性土	1.80	20.0	13.00	26.00	17.88
6	强风化岩	0.70	21.0	20.00	22.00	36.00
7	中风化岩	10.00	24.0	90.00	34.00	4.00
8	中风化岩	10.00	23.1	320.00	28.00	4.00

EJ 段的计算剖面图如图 5.2-8 所示,其中基坑安全等级为一级,基坑开挖深度 8.3m,钻孔灌注桩直径为 1m,间距为 1.2m,嵌固深度为 14.5m,基坑顶放坡坡度为 1∶1,高度为 1.8m。由于基坑边将有可能走土方车,所以坑边超载取 30kPa。地下水埋深为地表,坑内降水到 −10m 处,支撑中心距坑顶 2.1m,预加轴力为 100kN/m,架设好支撑后土方一次性开挖到底。

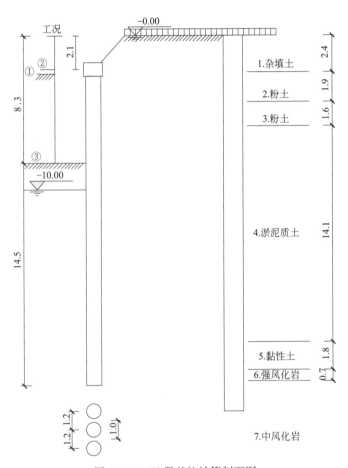

图 5.2-8　EJ 段基坑计算剖面图

工况开挖信息如表 5.2-3 所示。

表 5.2-3

土方开挖工况表

工况号	工况类型	深度(m)	支锚道号
1	开挖	2.500	—
2	加撑	—	内撑
3	开挖	8.300	—

通过计算得到内力位移包络图如图 5.2-9 所示,此时钢支撑轴力为 248kN/m,通过稳定验算、围檩配筋验算均满足要求。

(2)瀚威 NQ 段计算

工况3——开挖(8.30m)   包 络 图

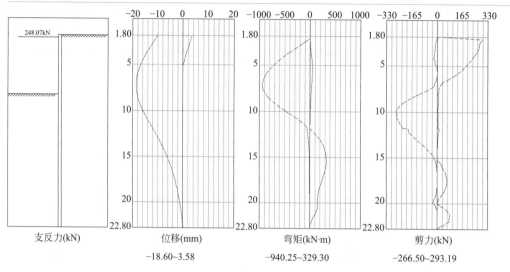

图 5.2-9 内力位移包络图

NQ 验算段的土层参数取该区段内勘察最不利钻孔土层的参数,如表 5.2-4 所示。

NQ 段验算土层参数取值表   表 5.2-4

层号	土类名称	层厚(m)	重度(kN/m³)	黏聚力(kPa)	内摩擦角(°)	m 值(MN/m⁴)
1	杂填土	2.37	18.5	5.00	15.00	3.50
2	素填土	0.30	19.3	12.00	13.00	3.28
3	粉土	1.30	18.5	22.40	8.90	2.93
4	粉土	1.00	19.1	17.60	19.40	7.35
5	淤泥质土	10.40	18.4	13.40	14.20	3.95
6	强风化岩	1.90	21.0	20.00	22.00	36.00
7	中风化岩	3.80	24.0	90.00	34.00	4.00
8	中风化岩	10.00	23.1	320.00	28.00	4.00

NQ 段的计算剖面图如图 5.2-10 所示,其中基坑安全等级为一级,基坑开挖深度 8.3m,钻孔灌注桩直径为 1m,间距为 1.2m,嵌固深度为 13.9m,基坑顶放坡坡度为 1∶1,高度为 1.8m。由于基坑边将有可能走土方车,所以坑边超载取 30kPa。地下水埋 深为地表,坑内降水到 −10m 处,支撑中心距坑顶 2.1m,预加轴力为 100kN/m,架设好 支撑后土方一次性开挖到底。

工况开挖信息如表 5.2-5 所示。

土方开挖工况表   表 5.2-5

工况号	工况类型	深度(m)	支锚道号
1	开挖	2.500	—
2	加撑	—	内撑
3	开挖	6.500	—

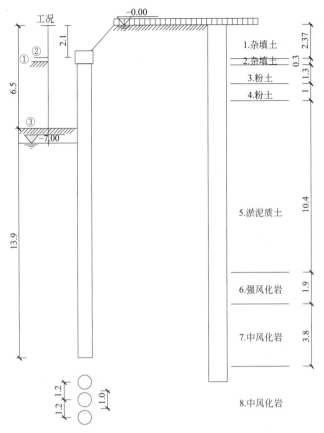

图 5.2-10　NQ 段基坑计算剖面图

通过计算得到内力位移包络图如图 5.2-11 所示，此时钢支撑轴力为 177kN/m，通过稳定验算、围檩配筋验算均满足要求。

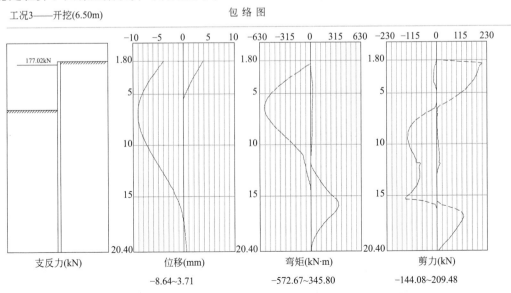

图 5.2-11　内力位移包络图

将四个验算段的计算结果汇总于表 5.2-6 中,其中 EJ 段支撑受力最大,应以此为钢支撑分析工况的荷载参考值进行下一步验算。

各验算段计算结果统计表 表 5.2-6

验算段	桩径(m)	桩间距(m)	嵌固深度(m)	支撑轴力(kN/m)
AE	0.8	1.1	13.9	115.6
EJ	1	1.2	11.5	248.07
KN	1	1.2	15.9	204.22
NQ	1	1.2	13.9	177.02

3. 支撑轴力和位移计算

上一节中围檩荷载计算结果的最大值为 248.07kN/m,取围檩荷载为 250kN/m,利用有限元软件进行围护体系平面计算。计算模型如图 5.2-12 所示,钢支撑截面为 H400×400×13×21,钢支撑间系杆为 H488×300×11×18,图中模型方位关系为上北、下南、左西、右东。

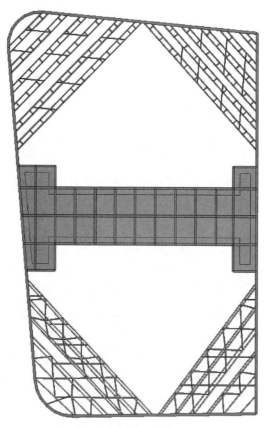

图 5.2-12 计算模型

(1)土方开挖子工况

案例工程为第一道采用钢支撑,中部基坑中部为混凝土栈桥,北侧采用型钢支撑,南侧采用钢管支撑,仅对北侧进行受力分析。首先,通过软件计算出最不利地质钻孔和工况下每延米的支撑轴力，然后作为土压力荷载施加于外圈围檩上，如图 5.2-13 所示（隐藏构件尺寸）。

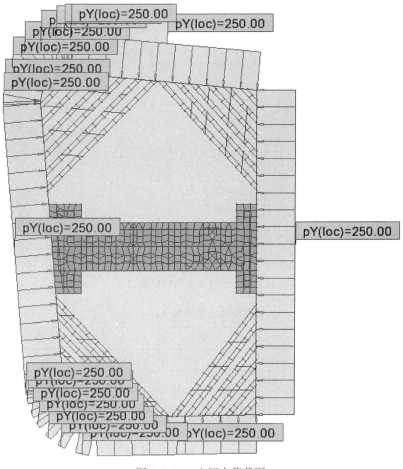

图 5.2-13　土压力荷载图

通过有限元计算，得到型钢支撑体系的轴力，如图 5.2-14 所示。首先，从图中可以看出，与对撑体系不同，大角撑体系的围檩受力呈现中部大两端小的趋势，即大角撑体系的围檩其轴向压力呈现由角部开始向中部逐渐增加的趋势。角部轴向压力约为 897kN，围檩中部——两长角撑中间的一段轴力约为 11962kN，达到最大，可见大角撑体系轴力变化的幅度很大。对撑体系中，一般围檩受到的轴力较小，主要为受弯构件，所以一般采用型钢作为围檩，既能满足受力要求又可以回收利用，绿色环保且经济。而大角撑体系主要受轴力控制，如果延续对撑体系的钢围檩设计必然不合理，会因为钢围檩压屈而发生基坑事故，因此通过分析，大角撑体系中围檩应该根据轴力的大小设计为混凝土围檩。

其次，从图中可以看出，每组钢支撑之间的连接杆受力一般很小，一般不超过 10kN，这与对撑体系中连接杆的受力特性一致。

最后对钢支撑的轴力进行分析，将各钢支撑的轴力汇总于表 5.2-7 中，其中钢支撑编号与图 5.2-14 的对应关系为：西北角一共 6 组支撑，从短到长分别为第 1 组到第 6 组，每一组中根据长短关系分别定义为短撑和长撑，东北角各支撑的编号同理。

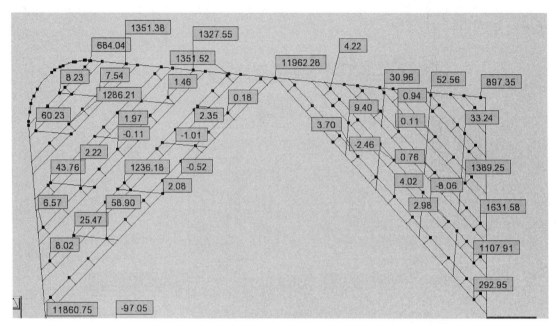

图 5.2-14　土方开挖后杆件轴力图

钢支撑轴力汇总表（kN）　　　　　　　　　　表 5.2-7

部　　位		第1组	第2组	第3组	第4组	第5组	第6组
东北	短	1170	1444	1400	1361	1307	967
	长	1410	1494	1546	1523	1473	961
西北	短	684	1351	1355	1327	1351	966
	长	1003	1251	1148	1210	1128	903

　　由表 5.2-7 可以看出，首先两个角部的轴力均为第 2～5 组较大，说明土压力主要由这 4 组承担，角部最短的第 1 组轴力略大于最长的第 6 组。其次从东北角的数据对比可以看出，东北角中各组支撑中短撑轴力均小于长撑；从西北角的数据对比可以看出，西北角除了最短的第 1 组支撑外，各组支撑中短撑轴力均大于长撑轴力，这一情况可能是由于两个角部几何角度不同导致的，在案例中西北角略小于 90°呈锐角，东北角略大于 90°呈钝角。而对撑体系中，如果荷载相同、支撑类型、间距相同的情况下，一般每道支撑的轴力都比较接近，较均匀地分担土荷载，所以大角撑体系的支撑轴力特性与对撑体系也完全不同。应该结合大角撑体系的受力特性，更好地指导实际工程的施工和监测。

　　（2）预加轴力子工况

　　根据表 5.2-7 可知，在土方开挖后支撑的最大轴力约为 1500kN，现行行业标准《建筑基坑支护技术规程》JGJ 120—2012 第 4.9.9 条规定"预加轴向压力的支撑，预加力值宜取支撑轴向压力标准值的 0.5～0.8 倍"，所以本案例中的预加轴力取值为 750kN。在本案例中，预加轴力采用等效温度荷载来模拟，则按标准中式 3.3.3.3-1 可以求出 750kN 的预加轴力等效的温度荷载为：

$$\Delta T = \frac{F}{EA\alpha} = \frac{750}{206 \times 215 \times 1.2} \approx 14(\text{℃})$$

设置等效温度荷载，通过有限元计算，大角撑轴力值如图 5.2-15、图 5.2-16 所示。首先，从图中可以看出，此时最大压力出现在围檩中部，同时围檩角部出现了拉力，这也说明了大角撑体系与对撑体系的不同。对撑体系中施加预加轴力后，一般围檩的轴力较小，且一般不会出现拉力。

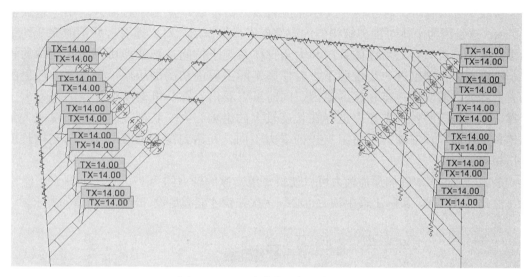

图 5.2-15 温度荷载施加后荷载图

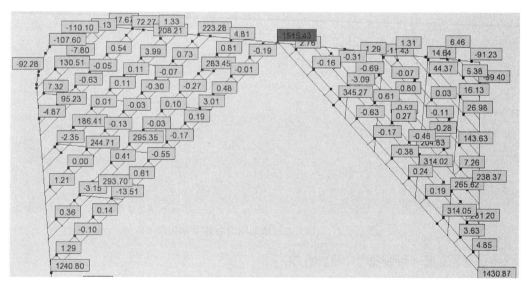

图 5.2-16 施加预加轴力后体系轴力图

其次，可以发现在此工况下，每根支撑的轴力不同，且相差较大，将此时的支撑轴力汇总于表 5.2-8 中。

预加轴力工况下钢支撑轴力汇总表（kN）　　表 5.2-8

部　位		第1组	第2组	第3组	第4组	第5组	第6组
东北	短	110	11	97	205	266	345
	长	6	44	170	252	314	350
西北	短	124	72	168	223	283	328
	长	48	136	208	273	307	344

从表中可以看出，通过第一次施加预加轴力稳定后，各支撑的轴力均小于施加值 750kN，这是因为土体对围护结构的约束类似于弹簧作用，对支撑而言并不能完全约束两端的变形，所以当大角撑体系内和大角撑体系与土体间达到变形协调后，支撑的轴力小于预期值。这也进一步说明了，为什么实际工程中初次加压后，第二天千斤顶的压力会降低，需要进一步补压的原因。同时可以看出，每一组支撑中长撑的轴力大于短撑，不同长度的各组支撑中也存在长度较大的组轴力大于长度较小的组，说明大角撑体系中在同等预加轴力下每组支撑的受力不同，其达到预加轴力的比率与支撑长度呈正相关。

最后，通过多次施加预加轴力可以使得每组支撑的轴力约为 750kN，如图 5.2-17 所示。由此可以说明，实际工程中轴力也必须多次补偿才能满足设计预加轴力值的要求。

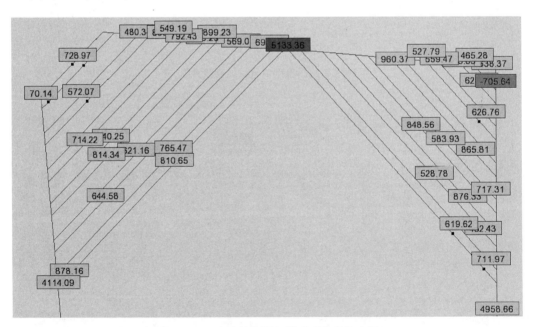

图 5.2-17　多次施加预加轴力后体系轴力图

（3）组合工况（预加轴力＋土方开挖）

施加预加轴力后再施加土荷载，模拟预加轴力施加后土方开挖完成时的受力、变形情况。计算结果为：型钢支撑位移最大值为 2.5cm，如图 5.2-18 所示；钢支撑轴力最大值为 1807.68kN，位置为 AE 段最短一组支撑；轴力较大部位为 AE 段第三组较长一根支撑，轴力为 1645.05kN，如图 5.2-19 所示。

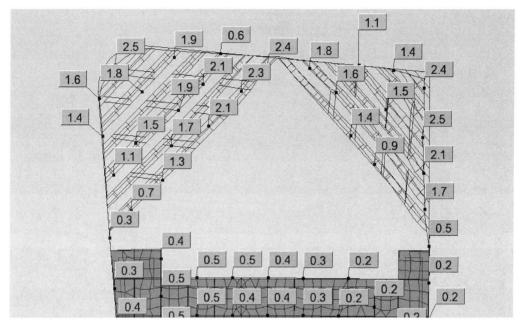

图 5.2-18　钢支撑位移图（cm）

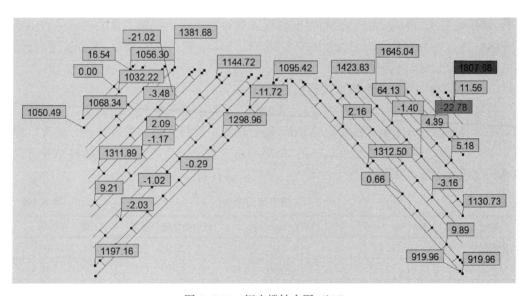

图 5.2-19　钢支撑轴力图（kN）

如图 5.2-20 所示，为钢支撑体系的剪力图。从图中可以看出，在部分设有侧向约束的部位，大角撑体系与对撑体系不同，大角撑体系中钢支撑受侧向力较大，需要对大角撑体系中的侧向约束进行加强，并验算焊缝的抗剪强度是否满足受力要求。

4. 支撑稳定性和截面强度验算

第二步中钢支撑轴力最大值分别为 1807.68kN、1645.04kN，按现行国家标准《钢结构设计标准》GB 50017—2017 和本书"钢支撑构件设计"章节的内容，分别验算两组钢支撑的稳定性和截面强度：稳定性安全系数最小值为 1.08，截面强度安全系数最小值为

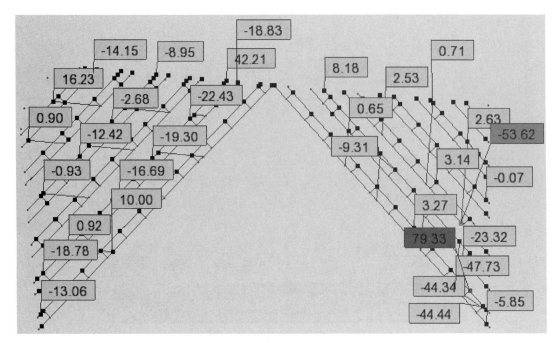

图 5.2-20　钢支撑轴力图（kN）

1.5，均满足要求。对单榀支撑进行双肢柱形式验算，其中单榀轴力最大的部位为 AE 段第三组，其合力为 1645.04＋1331.92＝2976.96（kN），取验算轴为 3000kN 进行验算，最大应力为 125MPa，满足要求。

5. 钢托梁稳定性和截面强度验算

托梁截面为 H700×300×13×24，考虑施工误差引起的对托梁的影响，取因此产生的对托梁竖向的分力为钢支撑轴力的 0.01 进行计算，按最大轴力的影响进行验算，即取值为 16kN。通过验算均满足要求，计算结果汇总于表中，从表 5.2-9 中位移结果可以预测，长度超过 12m 的托梁，施工时通过托梁起拱能有效控制位移。

托梁验算结果表　　　　　　　　　　　　　表 5.2-9

部位	组成跨长(m)	稳定性安全系数	截面强度安全系数	最大挠度(mm)
悬挑托梁	2.5+4.7	3.152	3.335	7.318
大跨重载托梁	13.75	1.568	4.694	14.592

5.2.3　钢支撑施工

1. 总体拼装顺序

吊装机械主要利用现场 1 号办公楼和 1 号裙房区域内的塔式起重机进行吊装，整个安装区域完全处于塔式起重机的吊装范围内。塔式起重机型号为 6010，满足现场吊装要求，如图 5.2-21 所示。

由于该工程的钢支撑为斜撑，为保证安装质量和支撑的良好受力，型钢支撑的整体安装顺序为从角部最短一组往基坑中部最长一组依次拼装，每一组钢支撑由无千斤顶一侧向

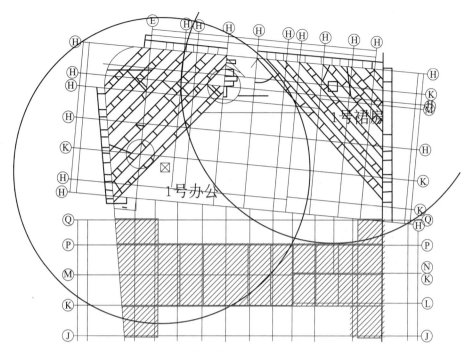

图 5.2-21　吊装塔式起重机位置及吊装示意图

有千斤顶一侧安装，如图 5.2-22 所示。

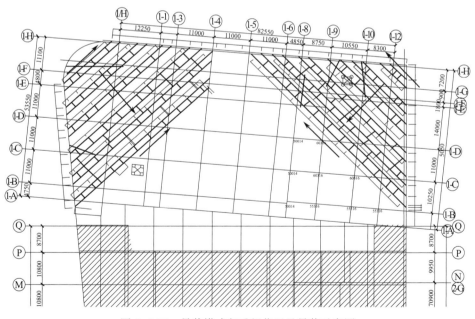

图 5.2-22　吊装塔式起重机位置及吊装示意图

2. 施工过程

（1）测量放线

现场通过测量放线，标示出钢支撑轴线位置，并标示出牛腿位置，绑扎钢筋、预埋牛腿锚板，然后浇筑围檩混凝土进行养护到设计强度，如图 5.2-23 所示。

图 5.2-23　现场测量放线

围檩混凝土强度达到要求后，测量放线确定钢支撑端部支承角钢的位置，并将支承角钢焊接于锚板放线确定的位置，如图 5.2-24 所示。

图 5.2-24　牛腿角钢

（2）牛腿安装

安装钢管柱上型钢支撑托梁的牛腿，如图 5.2-25 所示。

（3）托梁安装

按各位置托梁长度切割托梁，并在相应位置安装托梁，要求保证托梁与钢管柱的连接可靠，如图 5.2-26 所示。

（4）钢支撑拼装及安装

按设计分段拼装好部分节段钢支撑，然后按安装顺序连续安装每组钢支撑，在安装过程中应确保支撑轴线的安装误差在允许范围内，钢支撑构件拼装及吊装、横杆拼装、平直

图 5.2-25　托梁牛腿

图 5.2-26　托梁

度检查如图 5.2-27～图 5.2-30 所示。

图 5.2-27　钢支撑拼装

图 5.2-28　钢支撑吊装

图 5.2-29　钢支撑横杆吊装

图 5.2-30　平直度检查及调整

（5）端头间隙处理

由于围檩施工误差，会导致某些支撑端部存在间隙；同时由于钢斜撑每组内两根钢支撑的协调，也会在端部留下一定的间隙，一般采用混凝土进行填塞。但是，混凝土需要进行养护，且对于间隙较小的部分采用混凝土填塞时，混凝土会被压碎而不能很好受力，所以本工程中采用钢板进行填塞，以节约工期和保证端部传力如图 5.2-31 所示。

图 5.2-31　端头间隙处理

（6）千斤顶预加力

检查各节点安装符合要求后，每组同步施加预加轴力，分三级进行施加，待油压稳定一段时间后锁紧千斤顶，如图 5.2-32 所示。安装后整体效果如图 5.2-33 所示。

图 5.2-32　预加轴力施加

图 5.2-33 东北角实际效果图

（7）土方开挖及楼板浇筑

钢支撑安装完毕后，立即进行土方开挖，如图 5.2-34 所示，在此过程中实时监测各钢支撑轴力变化情况。垫层随挖随浇筑混凝土，如图 5.2-35 所示。待本区域开挖完成后，支设模板、绑扎钢筋、浇筑 B1 层楼板混凝土，如图 5.2-36 所示。

图 5.2-34 土方开挖

图 5.2-35 垫层施工

图 5.2-36　B1 板浇筑

3. 施工效益对比
(1) 用钢量对比

新型 H 型钢支撑用钢量统计表　　　　表 5.2-10

构件	模数（m）	单位重量（t）	西北角用量（个）	东北角用量（个）	总用量（个）	总重量（t）
支撑型钢	6.0	1.2	60	52	112	134.4
	5.4	1.08	10	9	19	20.52
	4.5	0.9	14	11	25	22.5
	3.6	0.72	4	5	9	6.48
	3.0	0.6	1	2	3	1.8
	2.1	0.42	10	21	31	13.02
	1.5	0.3	42	26	68	20.4
	0.9	0.18	3	2	5	0.9
	0.6	0.15	13	12	25	3.75
	0.45	0.12	2	4	6	0.72
	0.3	0.095	1	0	1	0.095
	0.15	0.065	8	5	13	0.845
标准板件	梯形	0.05	196	180	374	18.7
	矩形	0.042	162	134	298	12.432
托梁	488×300×11×18	0.124	85	96	181	22.444
	700×300×13×24	0.18	65	0	65	11.7
合计						290.706

钢管撑用钢量统计表　　　　表 5.2-11

构件类型	单位重量（t）	东南角（m）/（个）	西南角（m）/（个）	总用量（m）/（个）	总重量（t）
$\phi 609 \times 16$ 钢管	0.28	410	520	930	251.1
$\phi 500 \times 200$ 型钢	0.11	327.3	511.2	838.5	92.2

构件类型	单位重量(t)	东南角(m)/(个)	西南角(m)/(个)	总用量(m)/(个)	总重量(t)
法兰盘	0.049	188	194	382	18.7
合计					362

如表 5.2-10 所示，用钢量为南侧同等规模钢管支撑的用钢量，钢管支撑的主要构件合计重量约 360t。表 5.2-11 为北侧型钢支撑各构件的用钢量，总重量约为 300t。型钢支撑比钢管支撑用钢量少 20%。

（2）工期对比

施工结束后对型钢支撑和钢管支撑的施工时间进行了统计，如表 5.2-12 所示。其中，型钢支撑单个角部工期较钢管支撑提前 2～4 天，总体工期型钢支撑比钢管支撑提前 6 天，工期节约率达到 20%。目前该项目的施工队伍为初次接触新型 H 型钢支撑，对于安装工艺不熟练，如若使用熟练工人，钢支撑的施工工期还能进一步缩短。效果与预期结果相同。

钢管支撑与新型 H 型钢支撑工期对比表　　　　　　　　表 5.2-12

支撑类型	部位	工期(天)
新型 H 型钢支撑	东北角	13
	西北角	11
小计		24
钢管支撑	东南角	15
	西南角	15
小计		30

5.2.4　监测分析

1. 现场监测布置方案

为了获得钢支撑体系不同部位的受力变化规律和支撑性能，对钢支撑体系进行了现场监测，监测主要分为钢支撑内力监测和基坑变形监测。其中，钢支撑轴力监测点布置如图 5.2-37 所示，每个断面测点布置数量及要求如图 5.2-38 所示。

2. 监测结果分析

（1）钢支撑轴力分析

1）4 号测点轴力值

如图 5.2-39 所示，前两天，由于加压后土体变形，出现轴力下降。

第 3 天起，变形协调达到稳定，钢支撑受自身温度影响大于钢支撑体系变形协调导致应力重分配的影响，轴力随温度升高而增大，随温度降低而减小。

基坑开挖后，轴力随着开挖进行而迅速增大，开挖完成后随着温度升高而增大，降低而减小，趋于稳定。

如图 5.2-40 所示，温度与轴力近似呈线性关系，通过多次升降温循环后，温度与轴力相关关系趋于稳定，升降温的斜率趋于一致，斜率约为 10kN/℃。通过第 2 章温度对支

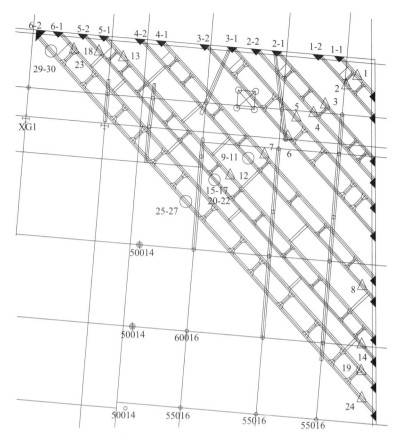

图 5.2-37　测点布置图

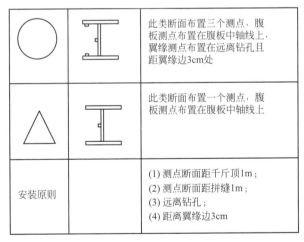

⃝	(工字钢断面图)	此类断面布置三个测点，腹板测点布置在腹板中轴线上，翼缘测点布置在远离钻孔且距翼缘边3cm处
△	(工字钢断面图)	此类断面布置一个测点，腹板测点布置在腹板中轴线上
安装原则		(1) 测点断面距千斤顶1m； (2) 测点断面距拼缝1m； (3) 远离钻孔； (4) 距离翼缘边3cm

图 5.2-38　断面测点布置数量及要求图

撑轴力影响研究得出的公式计算出该支撑的理论斜率为 11kN/℃，小于实测值，这是由于理论计算时土体刚度取常数导致的，但是两者相差较小，说明理论公式的近似处理可行。

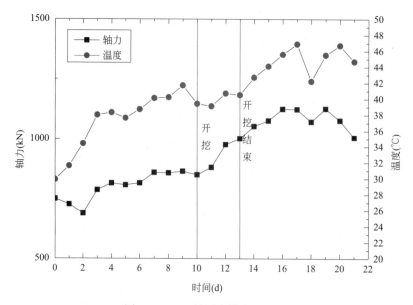

图 5.2-39　4 号测点轴力-时间图

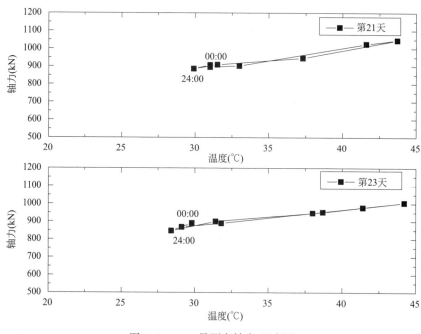

图 5.2-40　4 号测点轴力-温度图

2) 5 号测点轴力值

如图 5.2-41 所示，前两天，由于加压后土体变形，出现轴力下降。

第 3 天起，变形协调达到稳定，钢支撑受自身温度影响大于钢支撑体系变形协调导致应力重分配的影响，轴力随温度升高而增大，随温度降低而减小。

基坑开挖后，轴力随着开挖进行而迅速增大，开挖完成后随着温度升高而增大，降低而减小，趋于稳定。

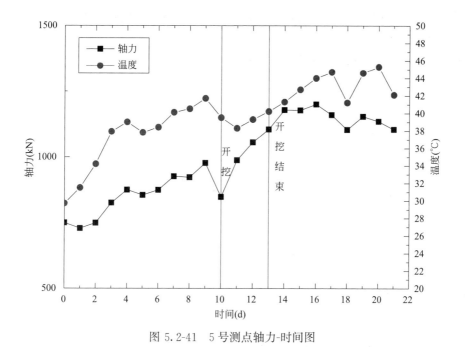

图 5.2-41　5 号测点轴力-时间图

如图 5.2-42 所示，当开挖稳定之后，每天轴力随温度的变化曲线，随着时间的推移先增大后降低形成近似闭合的曲线。

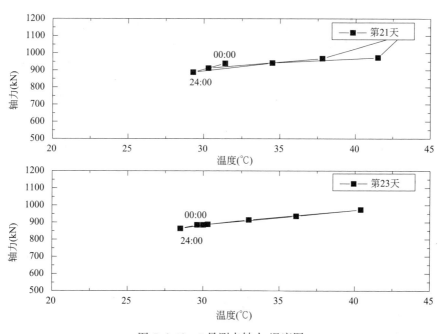

图 5.2-42　5 号测点轴力-温度图

温度与轴力近似呈线性关系，通过多次升降温循环后，温度与轴力相关关系趋于稳定，升降温的斜率趋于一致，斜率约为 10kN/℃。同理，通过第 2 章温度对支撑轴力影响研究得出的公式计算出该支撑的理论斜率为 13kN/℃，小于实测值，这是由于理论计算时土体刚度取常数导致的，但是两者相差较小，说明理论公式的近似处理可行。

3）7 号测点轴力值

如图 5.2-43 所示，前 3 天，处于变形协调阶段。

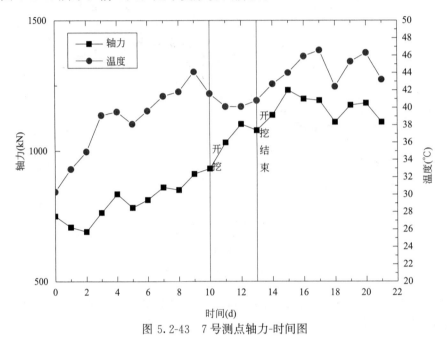

图 5.2-43　7 号测点轴力-时间图

第 4 天起，变形协调达到稳定，钢支撑受自身温度影响大于钢支撑体系变形协调导致应力重分配的影响，轴力随温度升高而增大，随温度降低而减小。

基坑开挖后，轴力随着开挖进行而迅速增大，开挖完成后随着温度升高而增大，降低

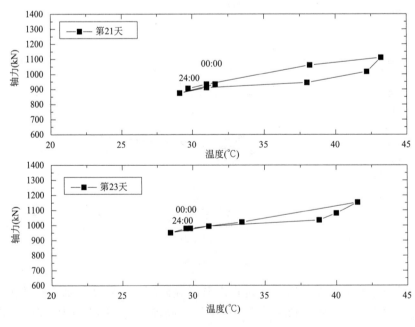

图 5.2-44　7 号测点轴力-温度图

而减小，趋于稳定。

当开挖稳定之后，每天轴力随温度的变化曲线，随着时间的推移先增大后降低形成近似闭合的曲线。

图 5.2-44 为温度与轴力近似呈线性关系，通过多次升降温循环后，温度与轴力相关关系趋于稳定，升降温的斜率趋于一致，斜率为 10～50kN/℃，最大值与最小值之间斜率约为 15kN/℃。公式计算出该支撑的理论斜率为 17kN/℃，小于实测值，这是由于理论计算时土体刚度取常数导致的，但是两者相差较小，说明理论公式的近似处理可行。

4）11 号测点轴力值

如图 5.2-45 所示，为支撑测点轴力随时间变化关系图。前 3 天，处于变形协调阶段，并且受温度影响明显。

第 4 天起，变形协调达到稳定，钢支撑受自身温度影响大于钢支撑体系变形协调导致应力重分配的影响，轴力随温度升高而增大，随温度降低而减小。

基坑开挖后，轴力随着开挖进行而迅速增大，开挖完成后随着温度升高而增大，降低而减小，趋于稳定。

上翼缘可能受阳光直射影响大，使得其比下翼缘计算结果受力明显更大。

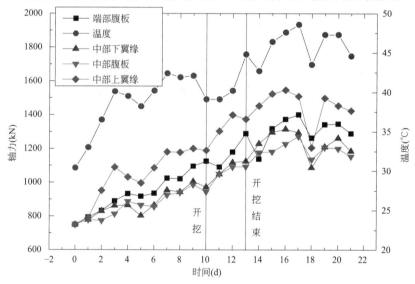

图 5.2-45　8～11 号测点轴力-时间图

11 号支撑轴力主要受自身温度的影响，随温度升高而增大，降低而减小。

当开挖稳定之后，每天轴力随温度的变化曲线，随着时间的推移先增大后降低形成近似闭合的曲线。

上翼缘受阳光直射影响大，温度最大值接近 50℃，轴力计算结果也大于腹板和下翼缘，同时温度与轴力近似呈线性关系，通过多次升降温循环后，温度与轴力相关关系趋于稳定，升降温的斜率趋于一致，斜率为 15～35kN/℃。该支撑轴力随温度变化的关系，根据理论计算公式计算得到的理论斜率为 18kN/℃，位于实测值之间，约为实测斜率值的平均数，说明轴力与温度变化关系为非完全线性关系，但是平均值与理论值接近，理论值可作为判断支撑轴力随温度变化关系的参考值，如图 5.2-46 所示。

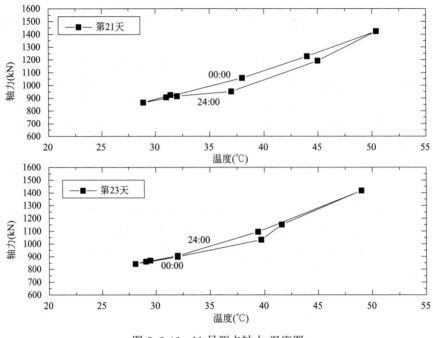

图 5.2-46　11 号测点轴力-温度图

5）17 号测点轴力值

如图 5.2-47 所示，为 14～18 号测点的轴力随时间变化关系图，从图中可以看出，前 3 天，处于变形协调阶段。

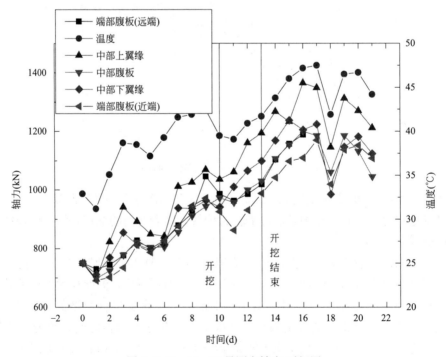

图 5.2-47　14～18 号测点轴力-时间图

　　第 4 天起，变形协调达到稳定，钢支撑受自身温度影响大于钢支撑体系变形协调导致应力重分配的影响，轴力随温度升高而增大，随温度降低而减小。

　　基坑开挖后，轴力随着开挖进行而迅速增大，开挖完成后随着温度升高而增大，降低而减小，趋于稳定。

　　上翼缘计算轴力比其他部位大。

　　如图 5.2-48 所示，为 17 号测点轴力与温度关系曲线图，可以看出轴力随温度的变化规律与其他几根杆件的规律相似。开挖稳定后，轴力随温度的变化关系较稳定，最大值与最小值之间斜率约为 20～30kN/℃。理论计算得到的钢支撑轴力与温度关系的斜率值为 21kN/℃，位于实测值之间，偏差较小。

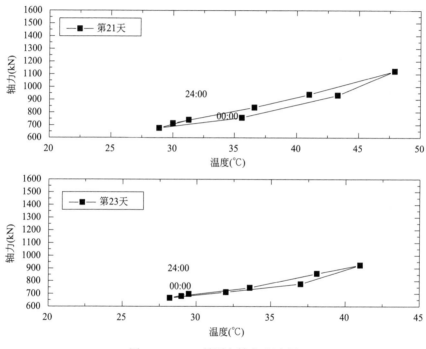

图 5.2-48　17 号测点轴力-温度图

　　6）19～23 号测点轴力值

　　如图 5.2-49 所示，是 19～23 号测点轴力随时间变化关系图，可以看出，前 3 天处于变形协调阶段。

　　第 4 天起，变形协调达到稳定，钢支撑受自身温度影响大于钢支撑体系变形协调导致应力重分配的影响，轴力随温度升高而增大，随温度降低而减小。

　　基坑开挖后，轴力随着开挖进行而迅速增大，开挖完成后随着温度升高而增大，降低而减小，趋于稳定。

　　上翼缘计算轴力比其他部位大。

　　如图 5.2-50 所示，为 20 号测点轴力与温度关系曲线图，可以看出轴力随温度的变化规律与其他几根杆件的规律相似。开挖稳定后，轴力随温度的变化关系较稳定，斜率约为 30kN/℃。理论计算得到的钢支撑轴力与温度关系的斜率值为 22kN/℃，略小于实测值。同时，经过不同支撑的比较分析发现，支撑越长，轴力随温度变化的斜率越大，这与理论

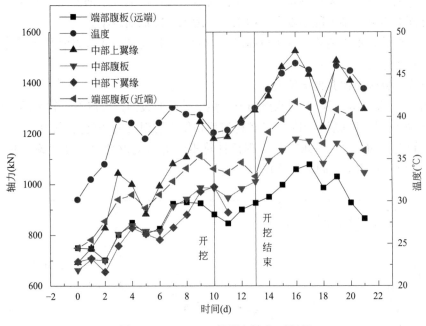

图 5.2-49　19~23 号测点轴力-时间图

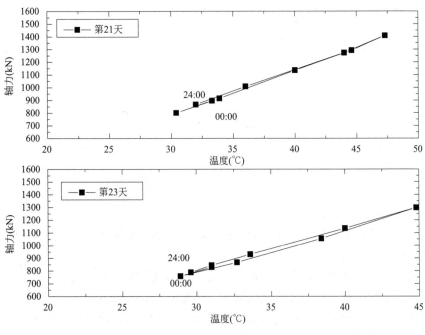

图 5.2-50　20 号测点轴力-温度图

计算结论相同。

（2）基坑变形

如图 5.2-51 所示，型钢支撑对应的基坑顶部最大变形小于钢管支撑对应区段，进一步说明型钢支撑控制基坑变形的能力比钢管支撑好，与预期效果一致。

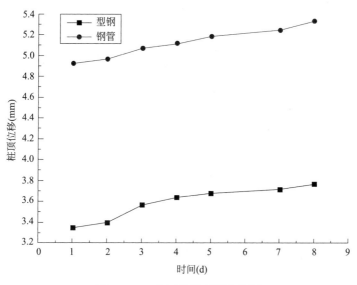

图 5.2-51　各区基坑顶部位移图

5.2.5　小结

本节以南京 G45 项目为依托，分析确定了用新型 H 型钢支撑做基坑北部大角撑的方案，通过基坑剖面计算和有限元分析得到作用在钢支撑上的荷载和变形，然后以此为依据进行了钢支撑构件、托梁、关键节点等设计，并进行了现场施工。最后通过现场埋设钢支撑应变计和基坑变形传感器，对基坑施工过程中的钢支撑内力和基坑变形进行了实时监测，可以得到以下结论。

（1）通过分析计算，提出采用新型 H 型钢支撑作为基坑北部大角撑的方案，其中新型 H 型钢支撑采用型钢 H400×400×13×21，围檩采用混凝土围檩，系杆采用型钢 H700×300×13×24。

（2）根据钢支撑布置情况，选取典型剖面进行基坑受力计算，得到钢支撑支护区域每延米支撑轴力为 248kN/m，整体稳定系数均大于 1，满足要求。

（3）通过有限元分析计算表明：

①大角撑体系，施加预加轴力后围檩角部受拉、中部受压，由角部往中部逐渐增大；

②有限元分析和监测数据均表明，初次施加预计轴力后钢支撑体系与土体间相互作用，体系变形协调完成后支撑轴力均减小，进一步说明实际工程中需要进行轴力补偿；

③大角撑体系与对撑体系不同，钢支撑的侧向约束构件会受较大侧向力，需要验算其焊缝抗剪强度是否满足要求；

④对比施加预加轴力和不施加预加轴力的工况，施加预加轴力时基坑位移明显小于不施加预加轴力时基坑位移。

（4）每一根支撑轴力均随着基坑开挖深度的增加而增加，基坑开挖完成一定时间后，支撑轴力趋于稳定。

（5）钢支撑轴力受温度影响较大，与升降温过程呈正相关关系。实测支撑轴力随温度变化的曲线斜率与理论计算相近，差异是由于理论公式中土体弹簧取常数，与实际情况有差异造成的，但是差异较小，理论计算值可以作为支撑轴力预判的依据。

（6）钢支撑实测值轴力随温度变化曲线的斜率对比表明，支撑越长，斜率越大，即温度影响越大，支撑由短到长变化时，斜率由 10kN/℃ 变为 30kN/℃，这与理论研究得出的计算公式解释的规律相同。

（7）新型 H 型钢支撑与钢管撑作比较，表明新型 H 型钢支撑各方面效益均优于钢管支撑：

①新型 H 型钢支撑工期较钢管支撑节约 20%；

②新型 H 型钢支撑用钢量比钢管支撑少 20%；

③新型 H 型钢支撑控制基坑变形的能力比钢管支撑强。

5.3　南京国际博览中心三期项目

5.3.1　工程概况

南京国际博览中心三期工程东起江东中路，西至燕山路，北起金沙江西街，南至江山大街，北侧紧邻南京国际博览中心一期基地，西侧面对青奥中心双子塔。本项目用地面积约 8.4 万 m^2，总建筑面积约 38.5 万 m^2，地下两层，面积为 14.2 万 m^2，地上包含 1 号楼（会展展厅，面积 6.8 万 m^2、层数 2 层、高度 25.0m）、2 号楼（酒店＋办公＋常年展厅，面积 6.4 万 m^2、层数 27 层、高度 125.6m）、3 号楼（办公＋商业，面积 11.1 万 m^2、层数 28 层、高度 127.8m）。图 5.3-1 为南京国际博览中心三期效果图。

图 5.3-1　南京国际博览中心三期效果图

1. 基坑概况

本工程基坑面积约 7.4 万 m^2，周长约 1215m，场地自然地面标高 −0.20～−1.70m，基坑底面标高 −11～−11.7m，基坑开挖深度约 9.3～11.5m，局部深度达到 16m。图 5.3-2 为基坑所在位置。

图 5.3-2　基坑概况图

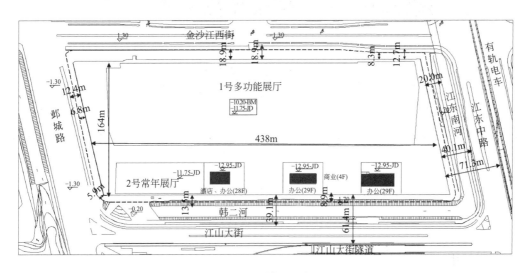

图 5.3-3　周边环境图

2. 周边环境

基坑周边地下管线有电力、通信、燃气、给水、雨水、污水等，西侧有青奥双子塔楼，东侧需保护有轨电车。基坑侧壁安全等级为一级。图 5.3-3 为基坑周边环境。从图中可以看出距基坑周边最近的管线距离。

3. 工程地质和水文地质

拟建场地地貌类型为长江漫滩地貌单元，从上至下土层依次是杂填土、粉质黏土、淤泥质粉质黏土、粉质黏土夹粉土、粉细砂、含卵砾石粉细砂、强风化砂质泥岩、中风化砂质泥岩。基坑底位于 2-2 淤泥质粉质黏土层，该土层属于潜水含水层。图 5.3-4 为场地地质概况图。

表 5.3-1 和表 5.3-2 为各土层物理力学性质指标，从表中可知基坑底部土层条件差，水土压力大，且透水性好，抗突涌稳定性差，变形很难控制。

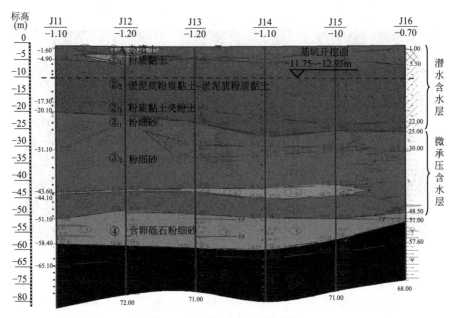

图 5.3-4 场地地质概况图

各土层物理力学性质指标   表 5.3-1

层号	土层名称	含水率	土重度	孔隙比	塑性指数	液性指数	标贯击数	压缩模量
		$W(\%)$	γ (kN/m^3)	e	I_P	I_L	N(击)	$E_{S_{0.1\sim0.2}}$ (MPa)
①	素填土	29.7	18.7	0.874	15.5	0.61	3.3	3.90
②₁	粉质黏土	31.5	18.8	0.915	15.0	0.77	4.2	4.16
②₂	淤泥质黏土～淤泥质粉质黏土	40.3	17.7	1.139	18.5	1.10	2.6	3.01
②₃	粉质黏土夹粉土	33.8	18.1	0.981	13.2	0.97	8.3	4.26
③₁	粉细砂	25.8	19.0	0.742	—	—	16.3	10.25
③₂	粉细砂	23.7	19.2	0.691	—	—	23.8	11.27
③₂A	粉质黏土	32.0	18.3	0.916	12.0	0.95	12.6	4.79

各土层物理力学性质指标   表 5.3-2

层号	土层名称	重度 γ (kN/m^3)	固结快剪强度 黏聚力 C (kPa)	固结快剪强度 内摩擦角 φ (°)	渗透系数建议值 K_V (cm/s)	渗透系数建议值 K_H (cm/s)	极限侧阻力标准值 q_{slk} (kPa)
①	素填土	18.7	(12)	(8.0)	8.9E-0.5		—
①A	杂填土	(17.0)	(6)	(12)			—
②₁	粉质黏土	18.8	13	11.0	4.39E-07	4.09E-07	32
②₂	淤泥质黏土～淤泥质粉质黏土	17.7	11	9.2	1.00E-06	2.00E-06	18
②₃	粉质黏土夹粉土	18.1	12	11.5	2.00E-06	4.00E-06	24
③₁	粉细砂	19.0	6	25.1	7.8E-04		46
③₂	粉细砂	19.2	6	26.0			56

5.3.2 钢支撑设计

南京国际博览中心三期项目基坑属深大基坑，原设计为围护桩＋混凝土支撑，且只有一道混凝土支撑，国内某些地区严格规定，基坑首道内支撑必须为混凝土支撑，严禁使用钢支撑。为了积极探索绿色和装配式基坑施工，发展新型 H 型钢支撑体系，本项目尝试采用可重复使用的 H 型钢支撑代替部分混凝土支撑，形成钢和混凝土组合支撑体系。

经过现场勘察，通过有限元计算和已应用该体系钢支撑工程的经验积累，结合专家论证意见，克服技术、工期、造价等难题，修改完善，最终确定钢支撑替换方案。

本节详细分析原基坑设计的思路、重难点问题的解决，提出几种钢支撑替换方案，将基坑变更为钢支撑和混凝土支撑组合体系的支撑，消除运用新体系的疑虑，比选出最优的钢支撑方案。

1. 基坑工程原设计方案

本基坑工程实施过程中基坑自身及周边环境的安全性是设计与施工的首要目标，而在安全性前提下应采用合理、有效、经济、快捷的设计方案，以控制工程造价、满足工期要求。

本基坑开挖深度超过 10m，规模超大。根据本项目环境条件、基坑规模及地质条件，本工程优先推荐采用水平支撑顺作法方案。采用钻孔灌注桩（桩径 $\Phi900\sim\Phi1200$）作为竖向围护结构，基坑内布置一道水平支撑。

支撑中心标高 －4.2m，圈梁顶标高 －3.7m，基坑四周按 1：1.5 比例放坡开挖，放坡至圈梁顶面，挂 $\Phi8@200$ 钢板网喷射 80mm 厚细石混凝土加固。放坡土体下整个基坑采用钻孔灌注桩作为竖向围护结构，外围均采用三轴深搅桩作为止水帷幕。坑内选用直径 850mm 三轴深搅桩进行土体加固。图 5.3-5 为混凝土支撑平面布置图，图 5.3-6、图 5.3-7 为支护典型剖面图。

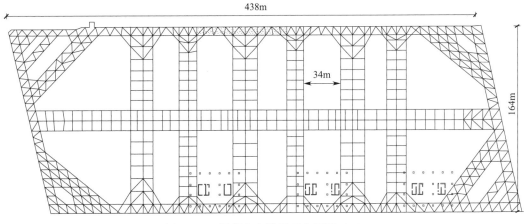

图 5.3-5　混凝土支撑平面布置图（一）

2. 钢支撑设计分析

本项目拟替换钢支撑时，围护桩已经施工，因此只调整内支撑的平面布置，混凝土支撑长度约 164m，单侧长度达到 75m，属于超长支撑。本项目只用钢支撑局部替换混凝土

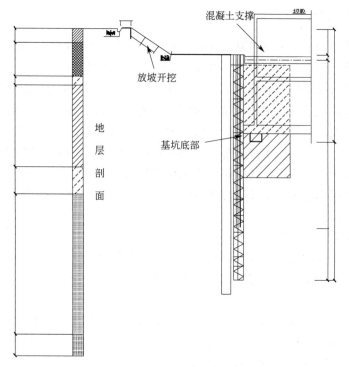

图 5.3-6 支护典型剖面图（一）

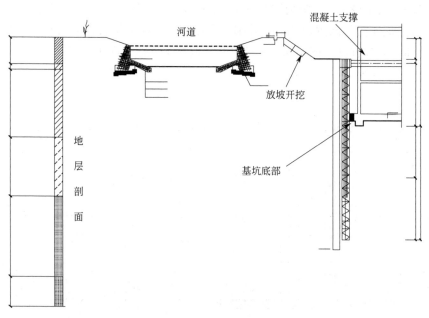

图 5.3-7 支护典型剖面图（二）

支撑，在本项目之前新型 H 型钢支撑体系，在国内只达到 45m，超长系统带来的预加力损失，钢混凝土刚度匹配、钢构件偏心受压等问题，引起行业专家和设计人员的担忧。钢支撑由于材料刚度小，相比于混凝土支撑布置较密，不利于挖土。根据原混凝土布置和设计单位意见，提出四个替换方案，下面逐一进行介绍。

方案一为钢支撑替换全部混凝土对撑，图 5.3-8 为方案一的替换区域，方框内的混凝土支撑替换为 6 组钢支撑，方案论证存在以下问题。

（1）原设计混凝土支撑已避开南侧主楼框架柱及剪力墙，可以在不拆除支撑的情况下进行地上主体结构的施工，以缩短项目总工期；钢支撑布置较密，无法避开塔楼剪力墙及框架柱，须待地下室负一层梁板及换撑结构完成后，方可拆除支撑及上部结构的施工，塔楼工期较原设计延误约 6 个月。

（2）钢支撑方案采用 6 组双拼钢支撑代替原设计 3 根钢筋混凝土支撑，支撑覆盖面积大于原设计，土方开挖难度略有提高，且土方开挖量大，成本也大幅度提高。

（3）钢支撑段支撑刚度为 6kN/m，比设计提供的支撑刚度 15kN/m 小，经核算，已施工支护桩配筋不满足受弯承载力要求，需加密支撑间距以提高支撑刚度。因此挖土更不方便。

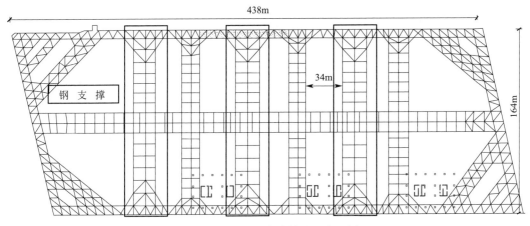

图 5.3-8 方案一内支撑平面布置图

方案二为钢支撑替换部分混凝土对撑，图 5.3-9 为方案二的替换区域，方框内的混凝土支撑替换为钢支撑。方案论证存在以下问题：

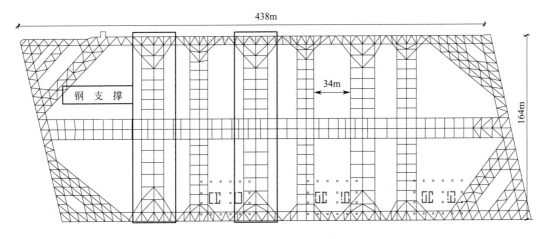

图 5.3-9 方案二内支撑平面布置图

（1）钢支撑刚度小，支撑和立柱布置较密，相比混凝土支撑而言，出土空间小，出土难度大。挖土时，钢支撑容易受扰动，影响钢支撑的稳定。

（2）初平面的稳定问题，理论计算和实际受力有差别，需解决刚度和强度问题，解决安全隐患。

（3）不同刚度支撑之间的变形协调，受压钢支撑的侧向稳定性问题怎么解决。

方案三 不仅替换对撑而且替换大角撑，图 5.3-10 为方案三的替换区域，方框内的混凝土支撑替换为钢支撑。

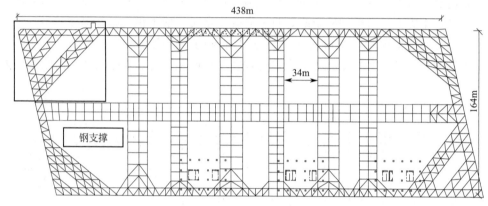

图 5.3-10　方案三内支撑平面布置图

钢支撑做 100m 长的大角撑在国内外无可参考的案例，方案三不仅存在方案一和方案二中的问题，挖土空间小，基坑变形大，容易发生事故。因此不采用此方案。

方案四，最终在本基坑采用超长钢支撑组合体系，图 5.3-11 为方案四的替换区域，方框内的混凝土支撑替换为钢支撑。用 3 根上下双层、水平双拼的组合形式代替混凝土支撑。

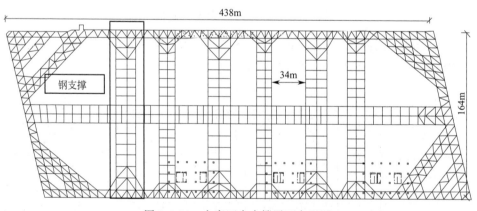

图 5.3-11　方案四内支撑平面布置图

方案四克服了方案一、二、三的问题，在国内首次尝试超长钢支撑体系，配备自动轴力补偿系统解决钢支撑刚度小、预加力损失、钢和混凝土刚度匹配的问题。采用单道双层组合形式，支撑间距扩大到 16m，基本和混凝土一样，扩大挖土空间。严格控制沉降以解决钢支撑初平面稳定和偏心受压下的稳定性问题。但仍需注意确保基坑的安全。

需明确钢支撑千斤顶布置位置及施加预加力方案，确保各组钢支撑及八角撑同步受力；

栈桥处承受较大竖向动荷载，立柱、立柱桩较相邻区域沉降较大，需采取措施避免因立柱差异沉降导致钢支撑产生较大偏心；钢支撑在东西向对撑两侧需进行同步开挖，以确保钢支撑受力的稳定性，应在土方开挖方案中补充对称开挖的保证措施；钢支撑应具备全过程的自动轴力监测系统，实时掌握支撑轴力变形情况，并及时补加预加力，以有效控制基坑变形。

最终确定按照方案四进行详细设计和施工。

3. 详细设计

工程概况、基坑概况、地质概况、周边环境等均在 5.3.1 有详细的介绍。基坑内布置一道内支撑，局部采用 H 型钢支撑，大部分采用混凝土支撑，表 5.3-3 为替换区域混凝土支撑尺寸。钢支撑、钢围檩、连杆和八字撑均采用 H400×400×13×21 的型钢。图 5.3-12 为钢和混凝土组合支撑平面布置。单侧钢支撑长度达到 75m，为满足支撑刚度、稳定性和拉大支撑间距等要求，采用 4 根 H 型钢在水平面和竖直平面内组合成 1 根钢支撑，形成双拼双层的组合体系，在国内属首次尝试和实践。H 型钢约 590t，相当于替换混凝土 1300m³。图 5.3-13 为钢支撑的典型剖面图。

<table>
<tr><td colspan="5" style="text-align:center">替换区域混凝土支撑　　　　　　　　　　　　　　　　　　表 5.3-3</td></tr>
<tr><th>支撑系统</th><th>相对标高(m)</th><th>围檩(mm×mm)</th><th>主撑 ZC(mm×mm)</th><th>次撑 CC(mm×mm)</th></tr>
<tr><td>混凝土支撑</td><td>-4.2</td><td>900×900</td><td>900×900</td><td>700×900</td></tr>
</table>

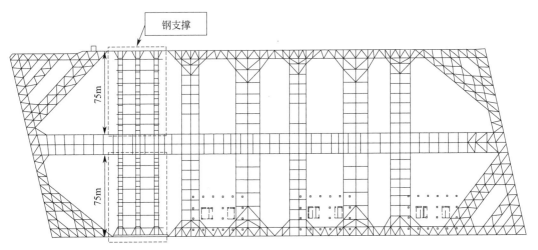

图 5.3-12　钢-混凝土组合支撑平面布置图

4. 钢支撑与混凝土支撑设计的难点和解决办法

（1）钢支撑和混凝土支撑的刚度匹配

混凝土支撑刚度较大，但刚度无法调整，综合刚度受混凝土收缩、徐变等影响大。钢支撑材料刚度小，但没有收缩、徐变等缺陷，可通过预加轴力调整刚度使之变大。钢支撑和混凝土支撑组合使用时，通过 H 型钢双层双拼支撑形式和预加力应提高钢支撑的综合刚度，使之与混凝土匹配，在变形协调方面有更好的一致性。此项难点通过计算，确定预加力的大小，在设计阶段解决问题。图 5.3-14 为钢支撑替换混凝土支撑时刚度匹配问题的解决。

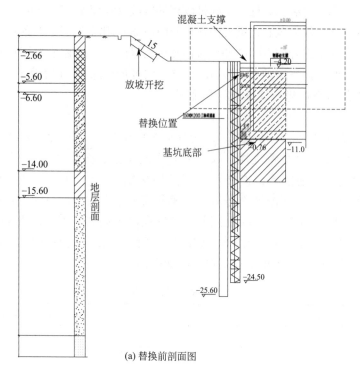

(a) 替换前剖面图

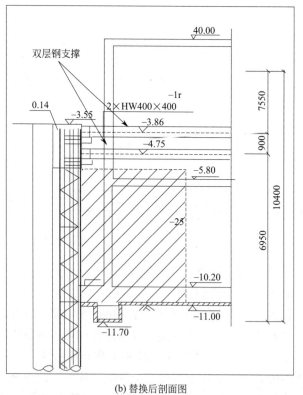

(b) 替换后剖面图

图 5.3-13　钢支撑替换混凝土支撑的典型剖面图

（2）不同区域立柱不均匀沉降

立柱在基坑的不同区域，隆起和沉降不同。钢支撑在轴力作用下，若立柱隆沉，钢支撑挠度的变化影响构件的稳定性，以至于影响整个系统。计算构件在压力作用下承受多大偏心不至失稳，在设计阶段准确地设计立柱的深度和增加临时立柱及扁担梁解决立柱的不均匀沉降。图 5.3-15 解决不同区域立柱的不均匀沉降。

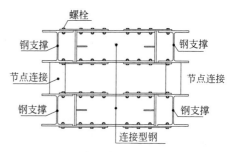

图 5.3-14　钢支撑替换混凝土
支撑时刚度匹配问题的解决

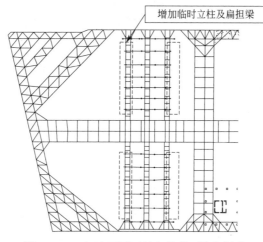

图 5.3-15　解决不同区域立柱的不均匀沉降

（3）两段钢支撑的水平传力

钢支撑施加预加力作用在栈桥上，两侧钢支撑应均匀传力，以免影响栈桥的稳定，需达到同步作用，协调工作。在设计中增加混凝土传力梁，传递两侧钢支撑的轴力。图 5.3-16 为增加传力的措施。

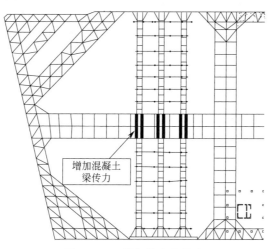

图 5.3-16　增加传力的措施

（4）超长支撑预应力损失

钢支撑受温度和开挖工况的影响，预加力会有损失，尤其是在超长支撑体系中，施工中应密切监测支撑轴力的变化，及时补充预加力，避免超长系统应力的损失。图 5.3-17、图 5.3-18 为解决支撑预应力损失。

图 5.3-17　解决支撑预应力损失

图 5.3-18　解决支撑预应力损失的自动补偿系统

（5）已施工立柱不满足钢支撑布置

在钢支撑安装区域，补打 H 型钢立柱，图 5.3-19 为补打立柱的位置，经验算立柱的承载力满足要求。

5. 钢支撑设计计算

（1）典型剖面计算

根据勘察报告和钻孔信息，采用理正深基坑计算典型剖面每延米的支撑轴力、桩体的位移、剪力、弯矩等。表 5.3-4、表 5.3-5 分别为剖面计算土层信息和剖面计算工况。图 5.3-20 为剖面计算的结果，每延米支撑轴力约为 260.1kN/m。

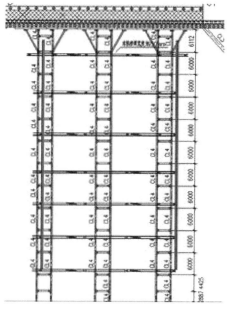

图 5.3-19　补打立柱的位置

剖面计算土层信息　　　　　　　　　　　　　　　　　　表 5.3-4

层号	土类名称	层厚(m)	重度(kN/m³)	浮重度(kN/m³)	黏聚力(kPa)	内摩擦角(°)
1	杂填土	1.30	17.0	—	6.00	12.00
2	素填土	3.20	18.7	—	12.00	8.00
3	黏性土	0.80	18.8	—	13.00	11.00
4	淤泥质土	7.50	17.7	7.7	11.00	9.20
5	黏性土	2.50	18.1	8.1	—	—
6	细砂	13.00	19.0	9.0	—	—
7	细砂	14.00	19.2	9.2	—	—

剖面计算工况　　　　　　　　　　　　　　　　　　　　表 5.3-5

工况号	工况类型	深度(m)	支锚道号
1	开挖	3.400	—
2	加撑	—	1. 内撑
3	开挖	10.400	—
4	刚性铰	4.500	—
5	拆撑	—	1. 内撑

（2）内支撑体系有限元计算

根据理正深基坑剖面计算出的支撑轴力，建立二维杆系有限元模型，图 5.3-21 为建立的有限元模型图，在每个剖面区段施加支撑反力，有限元计算得到内支撑的轴力、弯矩、剪力、位移等信息。根据计算结果调整和优化设计，满足基坑的安全等级和规范要

工况3——开挖(10.40m)

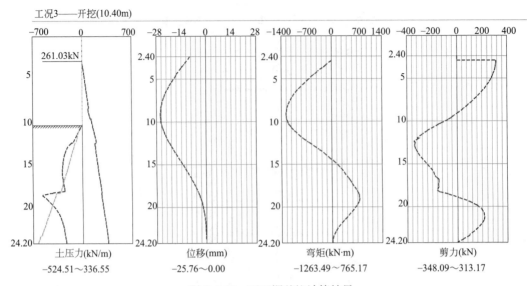

图 5.3-20　理正深基坑计算结果

求，同时确定基坑的安全系数。单根 H 型钢轴力最大为 1250kN，斜撑最大轴力为 873kN，钢围檩最大弯矩为 797kN·m，钢围檩最大剪力为 620kN，钢支撑区域坑顶最大位移 14mm。表 5.3-6 为有限元计算结果汇总。

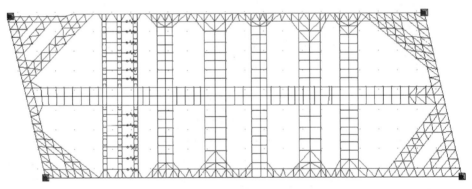

图 5.3-21　有限元模型图

有限元计算结果汇总　　　　　　　　　　　　　　　　　　表 5.3-6

参数 部位	最大轴力(kN)	最大弯矩(kN·m)	最大剪力(kN)
钢支撑	1250	—	—
钢斜撑	873	—	—
钢围檩	—	797	620

为了确保计算的精确和基坑安全，采用三维基坑模型进行计算验证。对比计算结果，结果表明轴力、弯矩、位移基本一致。图 5.3-22 为三维有限元计算变形图。图 5.3-23 为三维有限元计算的围护桩弯矩。

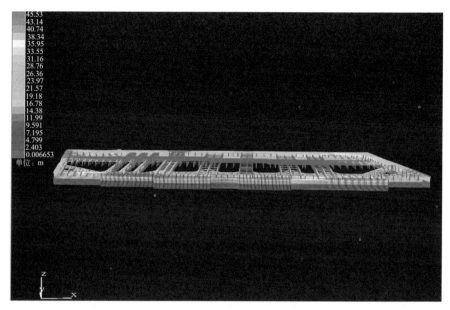

图 5.3-22　三维有限元计算变形图

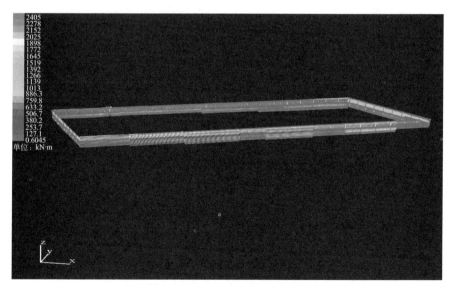

图 5.3-23　三维有限元计算的围护桩弯矩

（3）预加力对基坑变形的影响

二维框架杆件有限元计算时，对比分析了基坑开挖过程中未施加预加力和施加预加力的工况。图 5.3-24 分别为基坑开挖时，未施加预加力和施加预加力的支撑变形图。图 5.3-24（a）可以看到，未施加预加力，坑边最大位移为 3.8cm，位移过大，不满足规范要求。图 5.3-24（b）施加了预加力，坑边最大位移为 1.4cm，明显小于不施加预加力。施加预加力可较好地控制基坑位移。

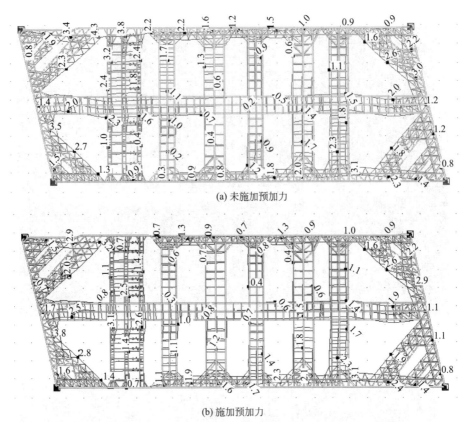

(a) 未施加预加力

(b) 施加预加力

图 5.3-24 支撑位移

（4）钢支撑节点验算

1）斜撑与支撑节点验算

图 5.3-25 为斜撑与支撑节点验算。采用 10.9 级 M22 高强螺栓。则所需螺栓个数为：
$$873 \times 1.25 \times 1000 / (310 \times 3.14 \times 22 \times 22 / 4) = 9.26$$
需要 10 个，单面需要 5 个。实配 8 个/面。

2）斜撑与围檩间连接型钢节点验算

图 5.3-26 为斜撑与围檩间连接型钢节点验算。采用 10.9 级 M22 高强螺栓。则所需螺栓个数为：
$$873 \times \sin 30° \times 1.25° \times 1000 / (310 \times 3.14 \times 22 \times 22 / 4) = 4.63，$$
需要 5 个。实配 14 个。

3）支撑与支撑间连接型钢节点验算

图 5.3-27 为支撑与支撑间连接型钢节点验算。此处有限元计算的轴力为 618kN，采用 10.9 级 M22 高强螺栓。则所需螺栓个数为：
$$618 \times 1.25 \times 1000 / (310 \times 3.14 \times 22 \times 22 / 4) = 6.56$$
则需要 8 个，单面需要 4 个。实配 6 个/面。

4）千斤顶行程计算

千斤顶行程由三部分控制：支撑接头间隙、支撑压缩量、围檩与围护间隙；三者之和

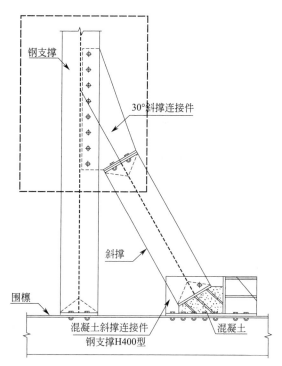

图 5.3-25　斜撑与支撑节点验算

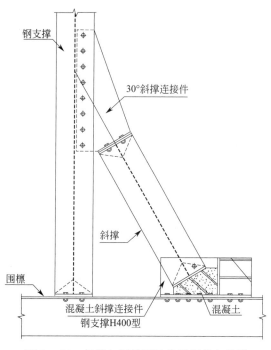

图 5.3-26　斜撑与围檩间连接型钢节点验算

决定使用几个千斤顶。每个支撑接头间隙约 3～5mm，支撑每节约 6m，预加力为 80t，钢支撑压缩量约 20mm，围檩与围护间隙 10mm；单个千斤顶行程 150mm；应预留 50mm余量，单根支撑仅需设置一个千斤顶（150mm 行程）。

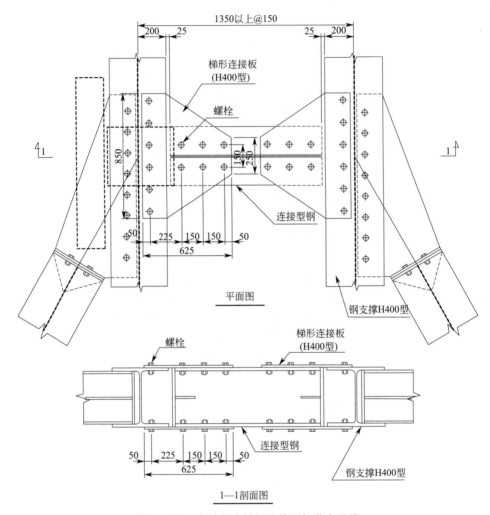

图 5.3-27 支撑与支撑间连接型钢节点验算

6. 钢支撑相关节点设计

（1）钢支撑节段连接

图 5.3-28 为钢支撑节点连接详图。图 5.3-29 为钢支撑节点连接实物图。

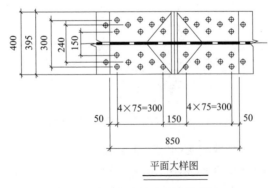

平面大样图

图 5.3-28 钢支撑节点连接详图

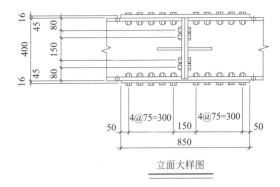

立面大样图

图 5.3-28 钢支撑节点连接详图（续）

图 5.3-29 钢支撑节点连接实物图

（2）钢支撑与连杆连接

图 5.3-30 为钢支撑与连杆连接详图。图 5.3-31 为钢支撑与连杆连接实物图。

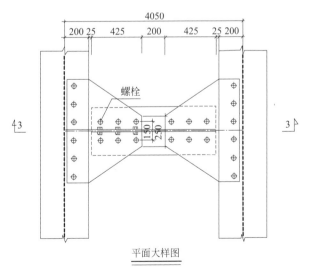

平面大样图

图 5.3-30 钢支撑与连杆连接详图

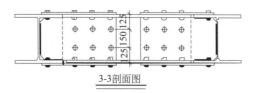

3-3剖面图

图 5.3-30　钢支撑与连杆连接详图（续）

图 5.3-31　钢支撑与连杆连接实物图

（3）八字撑连接

图 5.3-32 为八字撑详图。图 5.3-33 为八字撑实物图。

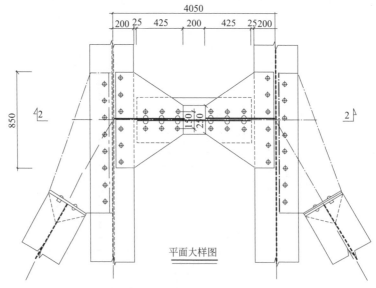

平面大样图

图 5.3-32　八字撑详图

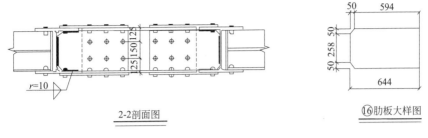

2-2剖面图　　　　　　　　　　　　⑯肋板大样图

图 5.3-32　八字撑详图（续）

图 5.3-33　八字撑实物图

（4）八字撑与钢围檩连接

图 5.3-34 为八字撑与围檩连接详图。图 5.3-35 为八字撑与围檩连接实物图。

（5）钢支撑与混凝土支撑连接

图 5.3-36 为钢支撑与混凝土支撑连接详图。图 5.3-37 为钢支撑与混凝土支撑连接实物图。

（6）钢支撑与系杆和立柱连接

图 5.3-38 为钢支撑与系杆和立柱连接详图。图 5.3-39 为钢支撑与系杆和立柱连接实物图。

（7）钢支撑与混凝土围檩连接

图 5.3-40 为钢支撑与混凝土围檩连接详图。图 5.3-41 为钢支撑与混凝土围檩连接实物图。

（8）钢支撑完工效果图

图 5.3-42 为钢支撑完工效果图。

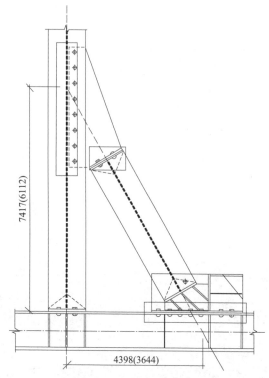

图 5.3-34　八字撑与围檩连接详图

图 5.3-35　八字撑与围檩连接实物图

7. 钢支撑注意事项

（1）开挖前需备齐检验合格的型钢支撑、支撑配件、施加支撑预应力的油泵装置（带有观测预应力值的仪表）等安装支撑所必需的器材。在地面按数量及质量要求配置支撑，地面上有专人负责检查和及时提供开挖面上所需的支撑及其配件，试装配支撑，以保证支撑长度适当，每根支撑弯曲不超过 20mm，并保证支撑及接头的承载能力符合设计要求的安全度。严禁出现某一块土方开挖完毕却不能提供合格支撑的现象。

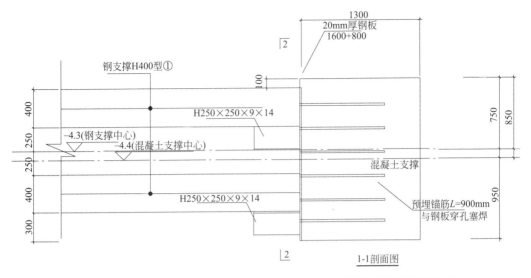

图 5.3-36 钢支撑与混凝土支撑连接详图

图 5.3-37 钢支撑与混凝土支撑连接实物图

（2）钢支撑安装按图纸设计要求，所有支撑拼接必须顺直，每次安装前先抄水平标高，以支撑的轴线拉线检验支撑的位置。

（3）每道支撑安装后，及时按设计要求施加预应力。支撑下方的土在支撑未加预应力前不得开挖。对施加预应力的油泵装置要经常检查，使之运行正常，所量出的预应力值准确。每根支撑施加的预应力值要记录备查。施加预应力时，要及时检查每个接点的连接情况，并做好施加预应力的记录；严禁支撑在施加预应力后由于和预埋件不能均匀接触而导致偏心受压；在支撑受力后，必须严格检查并杜绝因支撑和受压面不垂直而发生徐变，从而导致基坑挡墙水平位移持续增大乃至支撑失稳等现象发生。

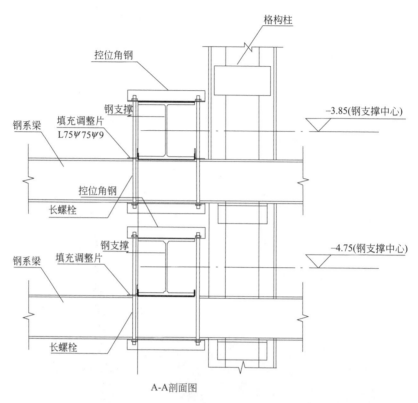

图 5.3-38　钢支撑与系杆和立柱连接详图

图 5.3-39　钢支撑与系杆和立柱连接实物图

（4）钢支撑安装应确保支撑端头同圈梁或围檩均匀接触，并防止钢支撑移动的构造措施，支撑安装应符合以下规定：

1）支撑轴线竖向偏差：±1cm；

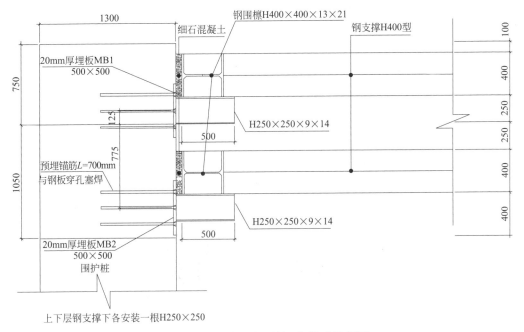

图 5.3-40　钢支撑与混凝土围檩连接详图

图 5.3-41　钢支撑与混凝土围檩连接实物图

2）支撑轴线水平向偏差：±1cm；

3）支撑两端的标高差以及水平面偏差：不大于 2cm 和支撑长度的 1/600；

4）支撑的挠曲度：不大于 1/1000；

5）支撑与立柱的偏差：±5cm。

(a) 局部详图

(b) 航拍详图

图 5.3-42　钢支撑完工效果图

（5）所有螺栓连接点，必须保证螺栓拧紧，数量满足设计要求。如需要焊接的地方，焊缝必须满焊，表面要求焊波均匀，焊缝高度不得小于 8mm，不准有汽孔、夹渣、裂纹、肉瘤等现象，防止虚假焊。

（6）支撑预拼时，每个连接处用高强螺栓相邻交错串眼拼接钢支撑旋紧，螺栓外露不得少于 2 个丝牙。施加预应力后，对所有螺栓进行二次紧固。每次安装好支撑后应对上道支撑进行检查，并复紧连接螺栓。

（7）由于围护墙表面平整度问题，围檩与围护桩之间往往不能密贴，故围檩安装时应及时用 C20 细石混凝土填塞空隙，确保支撑体系安装稳固。

（8）钢支撑应同步施加预应力；钢支撑采用伺服系统及时补偿预加轴力损失；夏季高温季节，对支撑采取降温措施；土方开挖过程中应对称、同步、分层向下开挖，避免钢支撑不均匀受力；土方开挖过程中控制中间栈桥上的施工荷载及栈桥下开挖时间；土方开挖过程中加强立柱沉降监测，根据监测数据控制栈桥上的施工荷载及栈桥下土方开挖速度。

5.3.3　钢支撑施工

1. 钢支撑组合形式

本工程采用的支撑组合形式是在国内首次尝试和运用。钢支撑、钢围檩、连杆、八字撑均采用 H400×400×13×21 的型钢，模数有 0.15～6m，满足不同长度的装配需要，H 型钢通过高强螺栓和节点键进行连接。图 5.3-43 为钢支撑组合形式。水平面内两根 H 型钢通过连杆连接即为双拼，竖向平面内在系杆节点连接即为双层，形成 4 根一体的组合钢支撑，具有刚度大、稳定性好等优点。组合支撑安装完成，施加预加力可迅速形成支撑刚度，有利于快速施工和基坑周边环境的控制。

图 5.3-43　双拼双层 H 型钢支撑体系

2. 施工工艺流程

根据图纸设计、装配式型钢支撑构件特性和施工现场情况，支撑安装从围檩一端向混凝土支撑端安装，把安装误差全部留在钢支撑和混凝土支撑连接处，最后在此处填塞钢板调解误差。图 5.3-44 为拼装式钢支撑施工流程。双层钢支撑的施工是上下层同时施工，施工工序同步进行，提高施工效率和施工质量。

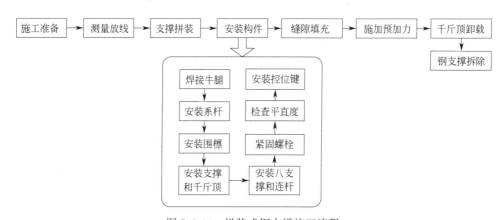

图 5.3-44　拼装式钢支撑施工流程

3. 施工准备

（1）根据设计图纸，理解设计意图和深度，核对材料构件用量，对构件的规格、型号、材质等进行复核。确保满足设计和规范要求。

（2）编制完善的施工方案和技术交底。

（3）确定钢支撑的安装顺序。由于施工误差，围檩和混凝土支撑之间的实际尺寸和设计尺寸有偏差，因此钢支撑安装时把误差留在围檩一侧，缝隙处填充细石混凝土。图5.3-45 为钢支撑安装顺序。安装从围檩一侧向混凝土支撑一侧进行。

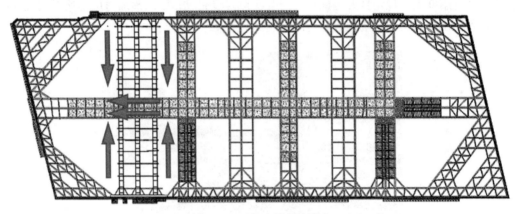

图 5.3-45 钢支撑安装顺序

4. 测量放线

（1）测量放线包括轴线和标高。轴线是指沿钢支撑轴线方向，测量混凝土支撑和混凝土围檩之间的距离。实测结果和设计尺寸比较，确定钢支撑的安装长度，预先对拼装构件进行调整。

（2）标高是指牛腿在混凝土围檩埋板、混凝土支撑埋板和格构柱上的焊接标高。图5.3-46（a）为轴线的测量。图 5.3-46（b）为混凝土埋板的标高控制。

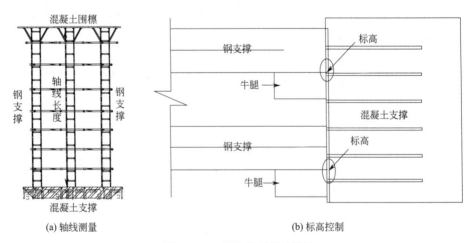

(a) 轴线测量　　　　　　　　　　　(b) 标高控制

图 5.3-46 轴线和标高的测量

5. 支撑拼装

（1）根据支撑轴线实测结果和分节图，进行节段节点与系杆的碰撞检查，防止盖板安装落在系杆上，确保安装平整。

（2）综合塔式起重机吊装能力和格构柱间距的限制，确定构件的合理吊装长度，在支撑堆场预拼装。图 5.3-47 为钢支撑在堆场预拼装，2 节或者 3 节一吊，提高拼装效率和安装速度。

图 5.3-47　钢支撑预拼装

6. 构件安装

（1）牛腿和系杆的安装

1）牛腿承受系杆和钢支撑的荷载，其焊接在混凝土支撑的埋板、混凝土围檩的埋板、格构柱、型钢立柱上。

2）为保证焊接精度和焊接质量，需对牛腿进行标高复测和焊缝现场探伤。

3）图 5.3-48 为牛腿焊接。系杆为背靠背的 2 根槽钢，放置在牛腿上，与牛腿和立柱焊接，形成钢支撑安装的支座。

图 5.3-48　牛腿焊接

4）图 5.3-49 为钢系杆安装完成。为增强系杆的侧向刚度，2 根槽钢翼缘焊接一根角钢，形成"H型钢"。

图 5.3-49　钢系杆安装

（2）围檩安装

1）H 型钢支撑与混凝土围檩处为便于连接，需要安装钢围檩，钢围檩为 H400 的型钢，安装在牛腿上，紧贴混凝土围檩。

2）钢围檩的安装沿一个方向依次进行，安装前需根据图纸测量定位，确定钢围檩的轴线。

3）图 5.3-50 为钢围檩安装的位置控制。安装围檩前，沿围檩轴线偏移至围檩外边缘，定位放线，在牛腿上紧靠钢围檩的外边缘焊接限位角钢，限制围檩外移和保证围檩安装在一条直线上。

图 5.3-50　钢围檩安装的位置控制

（3）钢支撑和千斤顶安装

1）钢支撑安装在系杆上，系杆安装完成，上表面在一个平面内，安装误差控制在设计位置±1cm。

2）测量钢支撑的轴线，在上下层系杆上确定双层钢支撑的安装位置，然后在钢支撑的一侧焊接限位角钢，限制支撑的左右移动。

3）图 5.3-51 为钢支撑安装轴线位置的控制。依次把预拼装好的钢支撑从围檩一侧向混凝土支撑一侧安装在系杆上。每段钢支撑安装时，要与下部支座形成稳定结构。钢支撑节段之间、钢支撑和围檩之间用螺栓连接。

4）千斤顶安装在钢支撑与混凝土支撑连接端，与钢支撑连成一体。缝隙处通过千斤顶的调节进行消除。

（4）八字撑和连杆安装

1）八字撑采用型钢两端的连接键，通过高强螺栓分别与钢支撑和钢围檩连接。八字撑可使围檩受力均匀，然后传到钢支撑上。图 5.3-52 为八字撑安装。

图 5.3-51 钢支撑安装轴线位置的控制

图 5.3-52 八字撑安装

2）连杆把平面内 2 根 H 型钢支撑连接在一起增加整体刚度和稳定性。连杆采用盖板和高强螺栓与钢支撑连接，连接强度高、抗剪效果好。

（5）紧固螺栓和平直度检查

1）钢支撑、钢围檩、八字撑和连杆均安装连接好后，位置无误差，然后紧固螺栓。

2）图 5.3-53 为紧固螺栓。紧固螺栓分 2 次，初拧和终拧，每次拧紧均应检查钢支撑的轴线和平整度，紧固螺栓采用力矩扳手，螺母拧紧后至少外露 2 个丝牙。

3）待支撑安装完成后，用水准仪复核整体安装的平整度，确保预加力施加前，安装误差控制在设计范围内。预加力施加后检查螺栓的松动，拧紧所有螺栓。

（6）限位装置的安装

1）钢支撑整体安装基本结束，在系杆上的钢支撑另一侧焊接限位角钢，限制钢支撑的左右移动，即如图 5.3-50 所示的对侧。

2）图 5.3-50 中安装控制钢支撑上下移动的控位角钢，把限位装置、系杆和钢支撑连接起来形成约束节点。

图 5.3-53　紧固螺栓

3）施加预加力前，上下控位角钢不能拧紧，以防预加力损失在约束节点，待加载完成后再拧紧。

7. 缝隙填充

（1）填筑缝隙中的混凝土包括混凝土围檩与钢围檩之间的缝隙和钢围檩与八字撑之间的缝隙。图 5.3-54 为缝隙处填充细石混凝土。缝隙处填充细石混凝土可保证钢围檩和混凝土围檩的均匀接触和均匀传力。混凝土为高强细石混凝土，为了缩短达到设计强度的时间，可加入适当的早强剂。

图 5.3-54　缝隙处填充细石混凝土

（2）混凝土围檩与钢围檩和钢围檩与八字撑之间的缝隙混凝土的浇筑要模板牢靠，振捣密实，均匀接触。

（3）图 5.3-55 为钢支撑和混凝土支撑连接处空隙填充。钢支撑和混凝土支撑连接处大的空隙用千斤顶来调节，小的空隙填入薄钢板，填充密实，结构受力均匀。

图 5.3-55　钢支撑和混凝土支撑连接处空隙填充

8. 预加力的施加

（1）钢支撑结构安装完成，缝隙填充密实且填充混凝土强度达到标准，混凝土支撑达到强度可施加预加力。

（2）图 5.3-56 为千斤顶安装位置，钢支撑分 3 组，2 组采用电动泵加载，1 组采用自动伺服装置，每组 8 个千斤顶，同时施加预加力。

图 5.3-56　千斤顶安装位置

（3）图 5.3-57 为千斤顶和伺服系统。在外界条件变化引起轴力变化时，人工通过电动加载系统补压，自伺服系统自动进行压力调节。

（4）为保证加载均匀，预加力分 3 级加载，分别为预加力的 40%、30%、30%。在加载过程中，监测钢支撑的轴力、挠度和装置的稳定性。

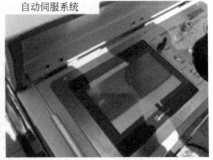

手动加载系统   自动伺服系统

图 5.3-57　加载系统

（5）加载完成后拧紧千斤顶油缸外的法兰圆盘，此装置无卸荷传力工况，预加力损失小，可随时附加。加载完成后检查螺栓有无松动并复紧，拧紧上下控位角钢。

9．千斤顶卸载

（1）卸载千斤顶预加力前，把限位角钢的螺栓拧松，避免轴力在约束节点有残余。

（2）卸载时，应均匀同步进行，每组千斤顶同步卸载，且按照千斤顶加载等级进行分级卸载，第一级卸载 30%，第二级卸载 30%，第三级卸载 40%。

10．钢支撑拆除

（1）千斤顶完全卸载时可进行钢支撑拆除。图 5.3-58 为钢支撑卸压。

图 5.3-58　钢支撑卸压

（2）拆除顺序和安装顺序相反，依次拧开节点处螺栓，塔式起重机调运至堆场。依次拆除连杆、支撑、八字撑、围檩等构件。

（3）拆除时注意构件是否在稳定支座上，可根据塔式起重机的吊装能力，2 节或多节依次调运，在堆场拆分成构件。图 5.3-59 为钢支撑拆除吊装。

图 5.3-59　钢支撑拆除吊装

5.3.4　监测分析

　　根据本基坑工程的特点和周边环境，结合支护方案和相关规范，重点监测钢支撑的轴力和温度、桩体水平位移、坑顶位移等。图 5.3-60 为钢支撑监测点布置。轴力计布置在钢支撑中部和八字撑中部，共 68 个轴力计。温度计和轴力计集成一体可实时监测，同时采用手持式红外线测温枪，随机测量温度，与传感器测量温度对比和修正。桩体水平位移采用和桩深相同的测斜管、测斜仪监测。坑顶位移采用电子水准仪监测。

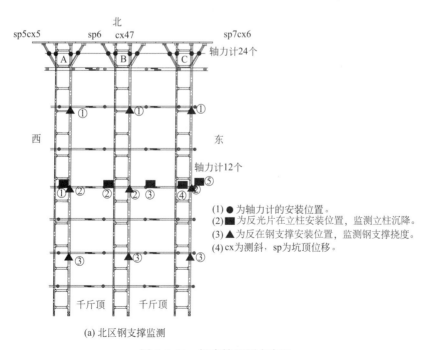

(a) 北区钢支撑监测

图 5.3-60　钢支撑监测点布置

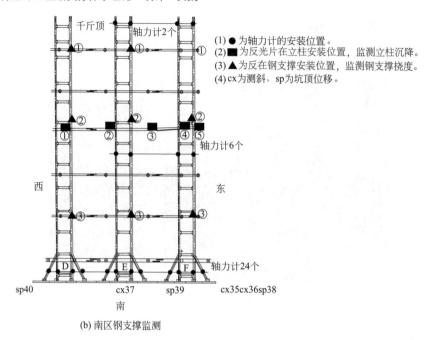

(1) ● 为轴力计的安装位置。
(2) ■ 为反光片在立柱安装位置，监测立柱沉降。
(3) ▲ 为反在钢支撑安装位置，监测钢支撑挠度。
(4) cx 为测斜，sp 为坑顶位移。

(b) 南区钢支撑监测

图 5.3-60　钢支撑监测点布置（续）

（1）钢支撑轴力分析

由监测分析可知，每根 H 型钢的变化规律基本一致，现以编号为 F 的钢支撑详细分析温度、工况变化对钢支撑力学性能的影响。图 5.3-61 反映了各根 H 型钢轴力的协调程度。当工况不变形情况下，选取钢支撑一天内轴力随温度变化的曲线，分析温度对钢支撑轴力的影响。图 5.3-62 为温度对钢支撑轴力的影响曲线。

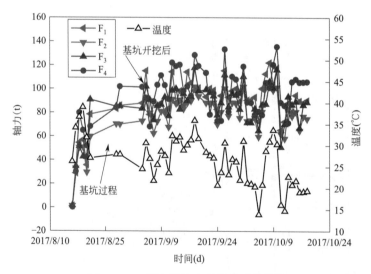

图 5.3-61　钢支撑轴力变化的时程曲线

基坑开挖之前施加预加力，各根 H 型钢轴力均在 800kN。随后进行基坑开挖，基坑开挖至坑底，土压力达到最大工况，土压力传递至围檩和钢支撑。各根 H 型钢轴力均有

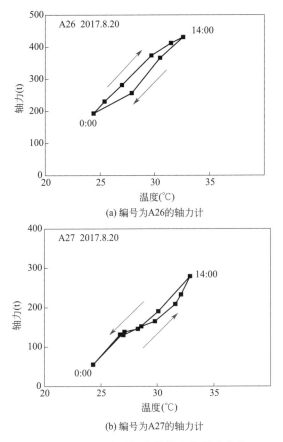

(a) 编号为A26的轴力计

(b) 编号为A27的轴力计

图 5.3-62　温度对钢支撑轴力的影响曲线

明显的增长，增长 $100\sim300kN$，达到 $900\sim1100kN$，有限元计算值最大为 $1250kN$，监测值和计算结果基本相同。然后浇筑底板垫层、绑扎钢筋、浇筑底板等工序。图 5.3-61 中可以看到基坑开挖完成后，钢材由于受温度影响而膨胀和收缩，钢支撑的轴力随着温度的变化而变化，其变化具有一致性响应，随着温度升高，支撑轴力增大，温度降低，轴力减小，温度对钢支撑轴力的影响为 $2\sim5t/℃$。各根 H 型钢的最大轴力均小于承载力极限状态，而且小于轴力报警值 $3000kN$，满足设计和施工的要求。从图 5.3-61 中可以看出四根 H 型钢的受力状态也基本协调一致，共同发挥支撑作用，不会发生 H 型钢之间受力差异较大产生的剪力。证实了 4 根 H 型钢一体的支撑组合形式安全稳定、受力可靠。

本体系采用超长轴力补偿系统在千斤顶处油压表显示轴力，人工巡检读数。图 5.3-63 为编号为 F_1 的 H 型钢中部、八字撑处轴力和千斤顶处轴力之间的关系。千斤顶处轴力和 F_1 中部的轴力基本形同，在支撑长度方向的约束节点轴力无损失。由于八字撑斜撑的传力，土压力经斜撑从围檩传至主撑杆件，八字撑处轴力略小于 F_1 中部的轴力，斜撑传递至主撑和主撑轴力之和基本等于 F_1 中部的轴力。该组合结构受力简单、传力明确、结构安全可靠。

（2）桩体水平位移

由图 5.3-60 监测点布置图可知，cx37、cx47 为钢支撑支护区域测斜，cx36 为钢支撑

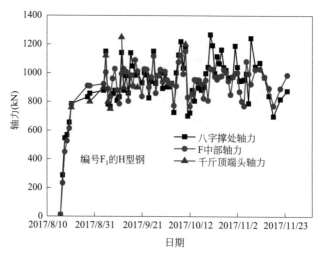

图 5.3-63　钢支撑各位置轴力

与混凝土支撑交界处测斜。cx35 为混凝土支撑支护区域测斜，混凝土区域测斜结果基本相同。图 5.3-64 为各测斜孔位移随深度的变化曲线。cx47、cx37、cx36、cx35 桩体最大

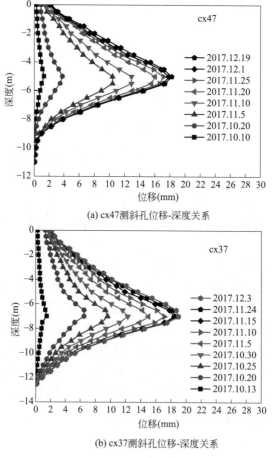

(a) cx47测斜孔位移-深度关系

(b) cx37测斜孔位移-深度关系

图 5.3-64　测斜孔位移-深度关系

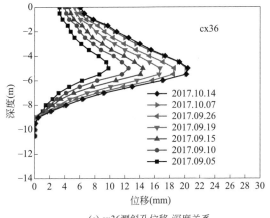

(c) cx36测斜孔位移-深度关系

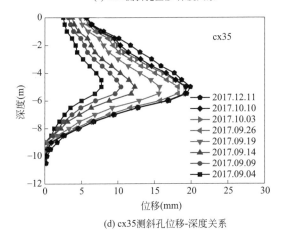

(d) cx35测斜孔位移-深度关系

图 5.3-64 测斜孔位移-深度关系（续）

水平位移分别为 18.2mm、18.7mm、20.5mm、19.9mm。各监测点监测结果均满足设计和规范的要求，安全可靠。由图 5.3-64 中（a）、（b）、（d）可知，钢支撑的支护效果略优于混凝土支撑。

（3）坑顶位移

由监测点布置图可知，sp6、sp39 为钢支撑支护区域坑顶位移。sp5、sp7、sp38、sp40 为混凝土支护区域坑顶位移，混凝土区域坑顶位移基本相同。图 5.3-65 为坑顶位移随开挖过程的变化。sp5、sp6、sp7 最大水平位移分别为 13.4mm、11.5mm、15.6mm。sp5、sp6、sp7 最大垂直位移分别为 6mm、5.4mm、6.9mm。sp38、sp39、sp40 最大水平位移分别为 14.9mm、14.2mm、16.1mm。sp38、sp39、sp40 最大垂直位移分别为 8.2mm、8.1mm、6.3mm。监测结果和有限元计算值基本一致，且坑顶位移满足规范要求。由图 5.3-65 可知，钢支撑支护区域坑顶位移略小于混凝土支撑支护区域。钢支撑施加了预应力，有效地控制了基坑的变形。

5.3.5 小结

本节以南京国际博览中心三期项目为依托，应用新型基坑 H 型钢支撑局部替换混凝

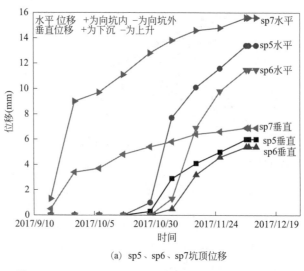

(a) sp5、sp6、sp7坑顶位移

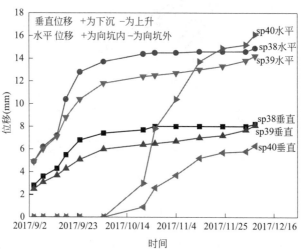

(b) sp38、sp639、sp40坑顶位移

图 5.3-65　坑顶位移随开挖过程的变化

土支撑。通过基坑剖面计算和有限元分析得到钢支撑的内力和变形，然后根据计算结果进行钢构件和关键节点的验算，并进行了现场施工。最后对基坑施工过程中的钢支撑轴力和基坑变形进行了现场实时监测，可以得到如下结论。

（1）通过原基坑混凝土支撑设计方案的分析，提出了采用新型 H 型钢支撑局部替换混凝土支撑。新型 H 型钢采用 4 根 H 型钢"口"字形的组合方式，水平面内双拼，竖直面内双层，满足刚度、稳定性和拉大支撑间距的要求。其中新型 H 型钢支撑采用型钢 H400×400×13×21，系杆采用双拼 32b 槽钢。

（2）根据钢支撑的位置，选取典型剖面进行了基坑围护，得到钢支撑支护区域每延米支撑轴力为 260.1kN/m，整体稳定系数在 1.5～2.6。

（3）建立平面支撑体系有限元模型，并将基坑围护计算得到的荷载施加到围护体系上进行有限元分析，结果表明：

① 水平面内双拼 2 根 H 型钢在整个基坑开挖过程中轴力基本一致，协同作用，连杆

几乎不受力，不会因为错动产生剪切，竖直面内 H 型钢连为一体，2 根支撑轴力为杆件计算值的 1/2。

② 基坑开挖过程中，钢支撑轴力随着开挖深度的增加而增大。多跨单根 H 型钢，在支撑长度范围内，轴力在各处基本相同，轴力在约束节点无轴力的损失。

③ 八字撑斜撑受力较小，和对撑一起承担围檩处传来的压力，减小围檩处的弯矩。八字撑中间连杆和其他处连杆不同，此处连杆有轴力，抵抗八字撑对主撑的挤压。

④ 对比施加和不施加预加力的工况，施加预加力基坑位移明显小于不施加预加力，预加力的作用提前控制了基坑的位移，有利于周边环境的保护。

（4）根据有限元计算结果，分别对钢支撑、钢斜撑（八字撑）、钢围檩等构件进行验算，验算结果表明，各构件满足设计安全要求。

（5）根据图纸设计、装配式型钢支撑构件特性和施工现场情况，支撑安装从围檩一端向混凝土支撑端安装，把安装误差全部留在钢支撑和混凝土支撑连接处，最后在此处填塞钢板调解误差。

（6）现场监测结果表明：

① 基坑开挖过程中，钢支撑轴力随着开挖深度的增加而增大，钢支撑轴力有所波动，整体呈现出逐渐增加的趋势，双拼双层 4 根 H 型钢的轴力在同一断面变化基本一致，协同作用。基坑开挖完成，钢支撑轴力基本稳定，且与有限元分析计算轴力值一致，满足安全和稳定的要求。

② 工况不变，钢支撑的轴力随温度的变化而变化，且升降一致，温度对支撑轴力有 3～5t/℃的影响，温度升高的过程和降低的过程，轴力变化并不重合。

③ 八字撑斜撑处轴力较小，监测值小于有限元计算值，可能由于有限元模拟八字撑两端约束条件导致。

④ 钢支撑的轴力受综合因素的影响，在基坑开挖过程中，在一定范围内波动，均在合理的范围内，不影响基坑的安全。

⑤ 钢支撑支护区域桩体水平位移和坑顶位移监测结果均小于混凝土支撑区域，监测结果和有限元计算结果一致，且满足设计和规范的要求，钢支撑施加了预应力，有效地控制了基坑的变形，性能优于混凝土支撑。

5.4　郑州综合交通枢纽东部核心区地下空间综合利用工程

5.4.1　工程概况

郑州综合交通枢纽东部核心区地下空间综合利用工程包括地上部分和地下部分，地上部分为空中廊道、景观公园、附属设施和公共服务设备用房；地下部分为地下一层附属设施，地下二、三层地下车库。

地下综合利用空间采用框架结构，8.4m×8.4m 的柱网间距。地面层的空中廊道下部空间为公共设施，市政道路围成的区域为景观公园和下沉庭院，在景观公园内设有公共服务设备用房，连接地下一层附属设施、地下二、三层地下车库的电梯和防火楼梯，如图 5.4-1 所示。

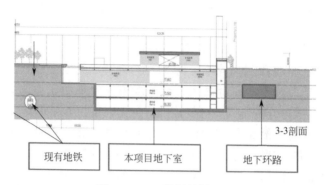

图 5.4-1　工程概况剖面图

1. 基坑概况

该基坑平面形状类似矩形，周长约 645m，长约 248m，宽约 84.1m，为地下三层的停车库，如图 5.4-2 所示。结合地下一层结构情况，基坑南侧顶部采用 1：0.8 放坡开挖 2m 后设置 1000@1200mm、长 14.45m 灌注桩，灌注桩北侧 16m 处设置长 34.5m、厚 800mm 的地下连续墙作为地下二、三层基坑的围护，灌注桩顶与地下连续墙顶标高相差 4.55m，如图 5.4-3 所示。其他三边均采用直接放坡到地下连续墙顶，再由长 34.5m、厚 800mm 的地下连续墙作为二、三层基坑的围护，如图 5.4-4 所示。地下连续墙范围内开挖深度为 10.6m。勘察期间地下水埋深 8m。

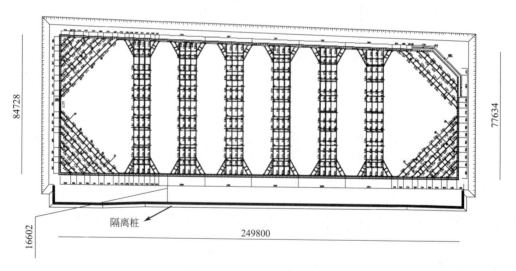

图 5.4-2　基坑平面尺寸图

2. 现场及周边环境

基坑四周为临时道路，如图 5.4-5 所示，除西侧临时道路的另一侧为荒地外，其他临时道路另一侧均为同时施工的其他基坑，各基坑边与该项目基坑上边线间距为 26～34m。北侧、东侧临时道路下为已建成地下通道，如图 5.4-6 所示，待该项目建成后与该项目地下车库联通。南侧临时道路下为运营中的地铁区间隧道，隧道外沿距基坑上边线最近约 11m，如图 5.4-7 所示。

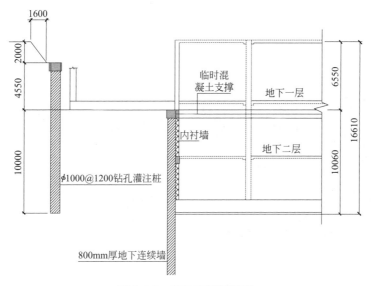

图 5.4-3　基坑南侧剖面图

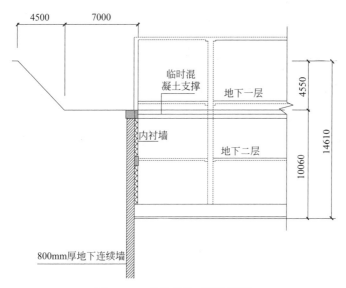

图 5.4-4　基坑其他三侧剖面图

3. 地质概况

拟建区内地层结构主要由人工堆填土（Q_4ml）、压实填土（Q_4ml）、全新统（Q_4）冲洪积层以及上更新统（Q_3）冲洪积层组成，全新统地层结构主要为粉土、粉砂以及粉质黏土；上更新统地层结构主要为粉土、粉质黏土、粉砂、细砂、中砂组成。基本地层结构如下：

第①$_1$层杂填土（Q_4ml）：为综合交通枢纽地下道路工程主隧道及辅隧道施工开挖新进堆积，松散、黄褐色-褐黄色主要以粉土、粉质黏土、粉细砂为主，堆积高度 3～18m 不等，博学路以及地铁博学路站开挖范围附近现地面下有少量分布。

第①$_2$层素填土（Q_4ml）：为综合交通枢纽地下道路工程主隧道及辅隧道施工开挖新

图 5.4-5　拟建临时道路现状图

图 5.4-6　已建地下通道现状图

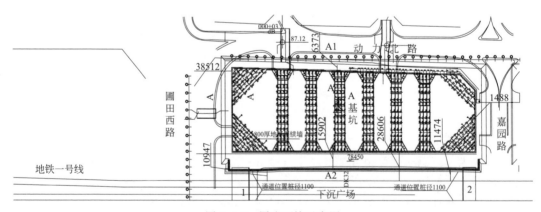

图 5.4-7　周边环境示意图

进堆积，稍密-中密、黄褐色-褐黄色，为主隧道施工基坑范围回填土、一般压实，主要以粉土、粉质黏土、粉细砂为主，分布于地下空间环绕隧道地带以及连接通道两侧的基坑开挖范围。

第①₃ 人素填土（Q₄ml）：为综合交通枢纽地下道路工程主隧道及辅隧道施工开挖新进堆积，稍密-中密、黄褐色-褐黄色，为主隧道施工基坑范围回填土、压实较好，主要以粉土、粉质黏土、粉细砂为主，分布于地下空间环绕隧道地带以及连接通道两侧的基坑开挖范围。

第②层：粉土（Q₄-3al），褐黄色，稍湿，稍密～中密，摇振反应中等，无光泽反应，干强度低，韧性低。土中含云母片、锈色铁质浸染，偶见小姜石。该层粗颗粒较多，局部夹粉砂薄层。

第③层：粉质黏土（Q₄-2l），褐灰～灰色，可塑～软塑，无摇振反应，有光泽，干强度中等，韧性中等。土中含锈色铁质浸染、云母片，底部含蜗牛壳碎片。局部夹淤泥质土或粉土薄层。该层在场地内局部缺失，局部孔为淤泥质粉质黏土。

第④层：粉土（Q₄-2l），浅灰～灰色，稍湿，中密～密实，摇振反应中等，无光泽反应，干强度低，韧性低。土中含云母片、蜗牛壳碎片，偶见小姜石。砂含量高，局部相变为粉砂。局部夹粉质黏土薄层。该层在场地内普遍分布。

第⑤层：粉质黏土（Q₄-2l），灰色，可塑，无摇振反应，稍有光泽，干强度高，韧性高。土中含云母、蜗牛壳碎片及小姜石。

第⑥层：粉土（Q₄-2l），灰色，稍湿，密实，摇振反应中等，无光泽反应，干强度低，韧性低。土中含云母片，偶见小姜石及蜗牛壳碎片。

第⑦层：粉质黏土（Q₄-2l），灰～灰黑色，软塑～可塑，无摇振反应，切面较光滑，干强度较高，韧性较高，略有腥臭味，含腐殖质，层中有 0.4m 左右薄层呈淤泥质粉质黏土状，局部孔缺失。

第⑦₁ 层：粉土（Q₄-2l），灰色，稍湿-湿，密实，摇振反应中等，无光泽反应，干强度低，韧性低。土中含铁质氧化物、云母片。

第⑦₂ 层：粉质黏土（Q₄-2l），黄褐色，可塑，无摇振反应，切面较光滑，干强度中等，韧性中等。主要分布于砂层顶板上，局部孔分布，分布不均。

第⑧₁ 层：粉砂（Q₄-1al+pl），灰色，湿，中密～密实，成分主要为长石、石英、云母等，主要分布于场地东三分之一段。

第⑧层：细砂（Q₄-1al＋pl），灰色-灰黄色，饱和，中密～密实，颗粒级配一般，分选中等，成分主要为长石、石英、云母等，全场分布。

第⑨层：细砂（Q₄-1al+pl），褐黄色，饱和，密实，颗粒级配一般，分选中等，成分主要为长石、石英、云母等，局部夹有中砂。

第⑩层：细砂（Q₄-1al+pl），褐黄色，饱和，密实，颗粒级配一般，分选中等，主要成分为长石、石英、云母等，局部夹有中砂。

第⑩₁ 层：粉质黏土（Q₄-1al+pl），褐黄色，硬塑～坚硬，稍有光泽，干强度高，韧性中等，无摇振反应，偶见姜石、铁锰质结核，局部夹粉土薄层。局部钻孔分布。

第⑩₂ 层：粉土（Q₄-1al＋pl），褐黄色～棕黄色，很湿，摇振反应中等，无光泽反应，干强度低，韧性低。局部钻孔分布，个别孔中该层夹 10～20cm 薄层粉质黏土或粉砂。

第⑪层：细砂（Q₄al＋pl），褐黄色，饱和，密实，颗粒级配一般，分选中等，主要成分为长石、石英、云母等，局部夹有中砂。

第⑪$_1$层：粉土（Q$_4$al+pl），褐黄色～棕黄色，很湿，摇振反应中等，无光泽反应，干强度低，韧性低。局部钻孔分布，个别孔中该层夹 10～20cm 薄层粉质黏土或粉砂。

第⑪$_2$层：粉质黏土（Q$_4$al+pl），褐黄色，硬塑～坚硬，稍有光泽，干强度高，韧性中等，无摇振反应，偶见黑色斑状侵染，局部夹粉土薄层。局部钻孔分布。

第⑫层：粉质黏土（Q$_3$al），褐黄色～棕黄色，硬塑～坚硬，有光泽，干强度高，无摇振反应，韧性高，土中含铁锰质结核，土层黏性较大。

第⑫$_1$层：粉土（Q$_3$all），褐黄色～棕黄色，很湿，摇振反应中等，无光泽反应，干强度低，韧性低。主要分布于 12 层粉质黏土中，局部钻孔分布。

第⑫$_2$层：细砂（Q$_3$al），褐黄色，饱和，密实，颗粒级配一般，分选中等，主要成分为长石、石英、云母等，局部夹有中砂。

第⑬层：粉质黏土（Q$_3$al+pl），褐黄色，硬塑～坚硬，稍有光泽，干强度高，韧性中等，无摇振反应，偶见黑色斑状侵染，局部夹粉土薄层。大部分钻孔分布。

第⑬$_1$层：粉土（Q$_3$al），褐黄色～棕黄色，很湿，摇振反应中等，无光泽反应，干强度低，韧性低。主要分布于 12 层粉质黏土中，局部钻孔分布。

第⑬$_2$层：细砂（Q$_3$al），褐黄色～棕黄色，饱和，密实，颗粒级配一般，分选中等，主要成分为长石、石英、云母等，局部夹有中砂。

第⑭层：粉质黏土（Q$_3$al），褐黄色，硬塑～坚硬，稍有光泽，干强度高，韧性中等，无摇振反应，偶见黑色斑状侵染，局部夹粉土。大部分钻孔分布。

第⑭$_1$层：粉土（Q$_3$al），褐黄色～棕黄色，很湿，摇振反应中等，无光泽反应，干强度低，韧性低。土中含铁质氧化物、云母片和钙质结核。

第⑭$_2$层：细砂（Q$_3$al），褐黄色，饱和，密实，颗粒级配一般，分选中等，主要成分为长石、石英、云母等。

第⑮层：粉质黏土（Q$_3$al），褐黄色～棕黄色，硬塑～坚硬，有光泽，干强度高，无摇振反应，韧性高，土中含铁锰质结核，土层黏性较大，含少量姜石。局部钻孔呈泥质胶结及钙质胶结。

第⑮$_1$层：细砂（Q$_3$al），褐黄色～棕黄色，饱和，密实，颗粒级配一般，分选中等，主要成分为长石、石英、云母等。

第⑮$_2$层：粉土（Q$_3$al），褐黄色～棕黄色，很湿，摇振反应中等，无光泽反应，干强度低，韧性低。土中含铁质氧化物、云母片和钙质结核。

第⑯层：粉质黏土（Q$_3$al），褐黄色～棕黄色，硬塑～坚硬，有光泽，干强度高，无摇振反应，韧性高，土中含铁锰质结核，土层黏性较大，含少量姜石。

第⑯$_1$层：粉土（Q$_3$al），褐黄色～棕黄色，很湿，摇振反应中等，无光泽反应，干强度低，韧性低。土中含铁质氧化物、云母片和钙质结核。

第⑯$_2$层：细砂（Q$_3$al），褐黄色～棕黄色，细砂，饱和，密实，颗粒级配一般，分选中等，主要成分为长石、石英、云母等。

典型的地质剖面如图 5.4-8 所示。

4. 水文概况

（1）地下水对基础施工的影响评价

根据收集资料和对地下空间隧道施工降水情况的了解，近 3～5 年的地下水最高水位

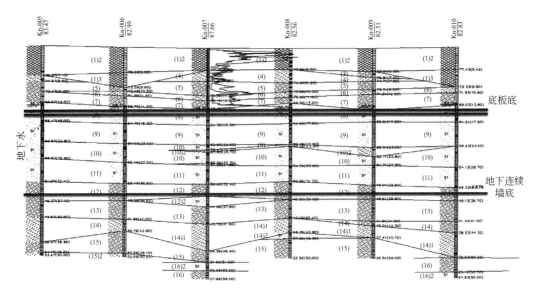

图 5.4-8　典型地质剖面图

在现自然地表下约 2.0～4.0m（绝对高程约 80.5～82.5m）；设计基准期抗浮设计水位可按现自然地表平均标高（绝对标高约 84.5m）。

由于受地下空间隧道施工降水的影响，本次勘察外业施工期间实测地下稳定水位埋深在现地面下 8.0～24.30m，受施工过程中不均匀降水影响，水位绝对高程相差较大，绝对高程为 62.08～76.31。

根据勘察技术要求，本次地下主体部分地面平均高程为 84.5m，故拟建地下空间基底标高约 69.5m。拟建工程基坑开挖和基础施工需考虑地下水的影响，需进行基坑降水。

（2）地下水力学作用评价

1）地下水的浮托作用：地下水对水位以下的岩土体有静水压力作用，并产生浮托力。在周围场地无降水的条件下，近 3～5 年地下水最高水位在自然地面下 1.0m（绝对标高为 83.50m）；场地设计基准期抗浮设计水位绝对标高为 84.50m；拟建地下空间基坑底部高程约 69.5m，埋置在抗浮设计水位以下。按拟建场地设计基准期抗浮设计最高水位考虑时，作用在地下空间主体基底上的浮力值为 150kPa。

2）地下水的潜蚀（管涌）作用和流土（砂）现象：基坑开挖及降水深度范围内存在第②、④、⑥、⑦$_1$ 层粉土，第⑧$_1$ 层粉砂、第⑧、⑨层细砂，在基坑降水施工时应注意施工降水时产生的水头压力差在动水压力作用下产生的潜蚀（管涌）作用和流土（砂）现象。

3）基坑突涌：拟建场地存在承压水层。承压水埋藏高程在 72.7～49.7m，赋存于全新统下段 Q$_4$-1 的粉细砂层中，该层富水性好，水量丰富，属强透水层。承压水含水层的顶板标高 67.30～72.72m，拟建地下空间基底标高约 69.5m，在拟建隧道基坑工程施工时应采取相应措施防止产生基坑突涌。

5.4.2　钢支撑设计与分析

1. 基坑工程设计方案

该工程基坑支护原设计为地下连续墙＋一道混凝土支撑，混凝土支撑包括 4 组对撑及 4 角部角撑组成。为保护基坑南侧地铁区间隧道，减少基坑暴露时间，提高主动控制基坑变形的能力，提高绿色施工程度，决定将混凝土支撑优化为新型 H 型钢支撑。

在维持地下连续墙设计不变的情况下，对三拼和四拼新型 H 型钢支撑的布置情况进行研究。经过受力、变形分析发现，在尽量满足原混凝土支撑间距的情况下，仅四拼支撑可较好地满足受力、变形要求。最终选用 6 组四拼对撑＋4 角部双拼角撑的支撑方案，型钢型号为 H400×400×13×21，如图 5.4-9 所示。为保证围檩受力安全，在对撑端部设置双拼八字撑，使得对撑中心距增大为 29m，净间距约为 19m。

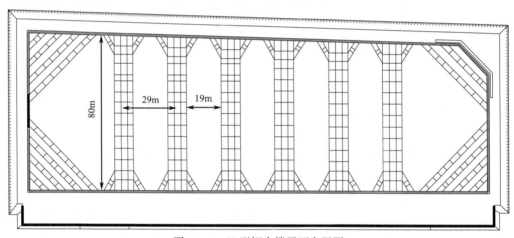

图 5.4-9　H 型钢支撑平面布置图

2. 围檩荷载计算

取图 5.4-3（对应 A2 剖面）和图 5.4-4（对应 A1 剖面）所示的剖面情况进行围檩荷载计算，由于剖面 A2 中灌注桩距离地下连续墙超过 1.5 倍开挖深度，支护形式对围檩荷载计算影响较小，为提高计算效率将其简化为放坡，坡顶位置为灌注桩中心对应位置。土层参数选取如表 5.4-1 所示。

土层参数表

表 5.4-1

土层名称	厚度（m）	重度（kN/m³）	黏聚力（kPa）	内摩擦角（°）
①₂ 素填土	6.00	18.3	12.87	20.13
①₃ 素填土	3.60	18.2	13.30	21.55
⑤ 粉质黏土	0.90	18.5	21.57	16.37
⑥ 粉土	1.10	18.5	13.62	21.49
⑦ 粉质黏土	2.60	18.9	26.89	19.50
⑧ 细砂	4.00	19.2	0.00	18.00
⑨ 细砂	4.80	19.2		
⑩ 细砂	4.50	19.1		

土层名称	厚度(m)	重度(kN/m³)	黏聚力(kPa)	内摩擦角(°)
⑪细砂	5.00	19.4		
⑫粉质黏土	14.10	19.5		

（1）A1 剖面计算

计算中基坑周边施工荷载按 20kPa 计算，出土口施工荷载按 30kPa 计算；压顶梁和内支撑设计未考虑施工荷载，施工时严禁堆载。计算剖面图如图 5.4-10 所示，基本参数见表 5.4-2 和表 5.4-3。

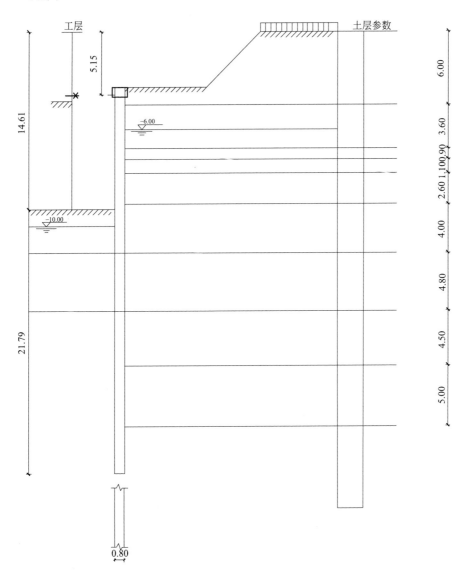

图 5.4-10　A1 计算剖面图

A1 基本参数表 1 表 5.4-2

规范与规程	《建筑基坑支护技术规程》JGJ 120—2012	规范与规程	《建筑基坑支护技术规程》JGJ 120—2012
内力计算方法	增量法	└混凝土强度等级	C40
支护结构安全等级	一级	有无冠梁	有
支护结构重要性系数 γ_0	1.10	├冠梁宽度(m)	1.200
基坑深度 H(m)	14.610	├冠梁高度(m)	0.800
嵌固深度(m)	21.790	└水平侧向刚度(MN/m)	0.010
墙顶标高(m)	−4.550	放坡级数	1
连续墙类型	钢筋混凝土墙	超载个数	1
├墙厚(m)	0.800	支护结构上的水平集中力	0

A1 基本参数表 2 表 5.4-3

土层数	10	坑内加固土	否
内侧降水最终深度(m)	16.000	外侧水位深度(m)	8.000
内侧水位是否随开挖过程变化	否	内侧水位距开挖面距离(m)	—
弹性计算方法按土层指定	—	弹性法计算方法	m法
基坑外侧土压力计算方法	主动	—	—

通过计算得到内力位移包络如图 5.4-11 所示，此时钢支撑轴力为 1910.29kN，通过稳定验算、围檩配筋验算均满足要求。

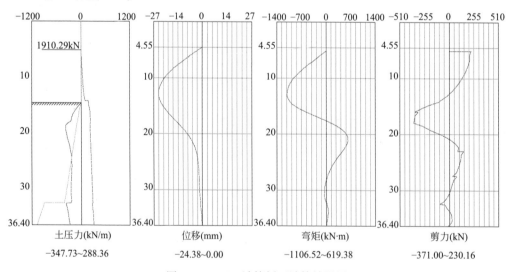

图 5.4-11 A1 计算剖面计算结果图

（2）A2 剖面计算

计算中基坑周边施工荷载按 20kPa 计算；压顶梁和内支撑设计未考虑施工荷载，施工时严禁堆载。计算剖面图如图 5.4-12 所示，基本参数见表 5.4-4 和表 5.4-5。

单位(m)

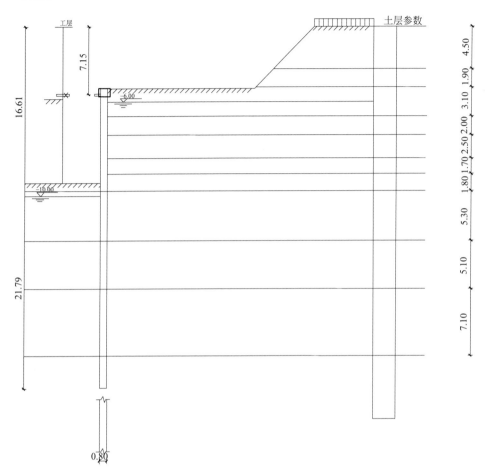

图 5.4-12　A2 计算剖面图

A2 基本参数表 1　　　　　　　　　　　　　　　　　　　　表 5.4-4

规范与规程	《建筑基坑支护技术规程》JGJ 120—2012	规范与规程	《建筑基坑支护技术规程》JGJ 120—2012
内力计算方法	增量法	└混凝土强度等级	C40
支护结构安全等级	一级	有无冠梁	有
支护结构重要性系数 γ_0	1.10	├冠梁宽度(m)	1.200
基坑深度 H(m)	16.610	├冠梁高度(m)	0.800
嵌固深度(m)	21.790	└水平侧向刚度(MN/m)	0.010
墙顶标高(m)	−6.550	放坡级数	1
连续墙类型	钢筋混凝土墙	超载个数	1
├墙厚(m)	0.800	支护结构上的水平集中力	0

A2 基本参数表 2   表 5.4-5

土层数	11	坑内加固土	否
内侧降水最终深度（m）	18.000	外侧水位深度（m）	8.000
内侧水位是否随开挖过程变化	否	内侧水位距开挖面距离（m）	—
弹性计算方法按土层指定	—	弹性法计算方法	m 法
基坑外侧土压力计算方法	主动	—	—

通过计算得到内力位移包络图如图 5.4-13 所示，此时钢支撑轴力为 2148.19kN，通过稳定验算、围檩配筋验算均满足要求。

工况3——开挖(16.61m)

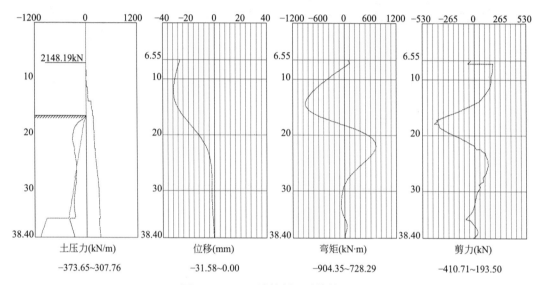

土压力(kN/m) -373.65~307.76　位移(mm) -31.58~0.00　弯矩(kN·m) -904.35~728.29　剪力(kN) -410.71~193.50

图 5.4-13　A2 计算剖面计算结果图

3. 支撑轴力和位移计算

根据支护结构剖面计算，得到围檩承受的最大均布荷载为 260kN/m（按支撑水平间距 8.3m 计算）。以此作为平面计算围檩承受的土压力，进行平面内力和变形计算。

由图 5.4-14 可知，在钢支撑未施加预加轴力，仅受土压力荷载时，钢支撑最大轴力为 2416.28kN，钢支撑最大承载力为 3200kN，满足受力安全要求。但如图 5.4-15 所示，在钢支撑未施加预加轴力，仅受土压力荷载时，基坑围护变形较大，最大位移为 4.3cm，发生在出土口位置。直边为靠近地铁一侧，其位移也超过 2cm，对地铁正常运营不利。

如图 5.4-16 所示，在钢支撑施加预加轴力（预加轴力值为 1000kN）后，基坑支护系统变形最大值为 2.4cm，发生在钢支撑的中下部。这是由于在数值模拟中无千斤顶模型，预加轴力采用一段 6m 长钢支撑发生一定线性膨胀施加的，所以在该部分支撑发生膨胀后引起上部支撑轴向位移，从而造成支撑位移较大的假象。如图 5.4-17 所示，为围护结构未受土压力作用而仅受钢支撑预加轴力作用时基坑的变形情况，此时支撑位移已达到 1.8cm，但是实际钢支撑安装过程中，会预留出千斤顶的位置和伸长空间，不会使钢支撑产生如此轴向位移，所以钢支撑实际变形值为 2.4－1.8＝0.6（cm）。

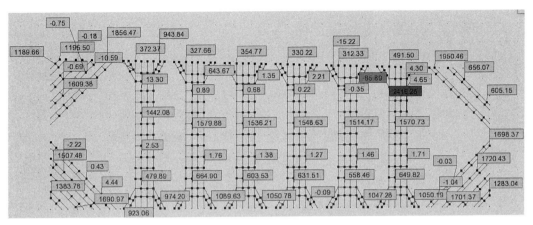

图 5.4-14　A 基坑平面计算-轴力（土压力工况）

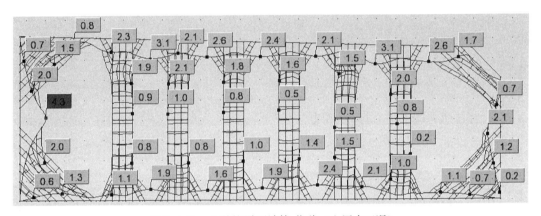

图 5.4-15　A 基坑平面计算-位移（土压力工况）

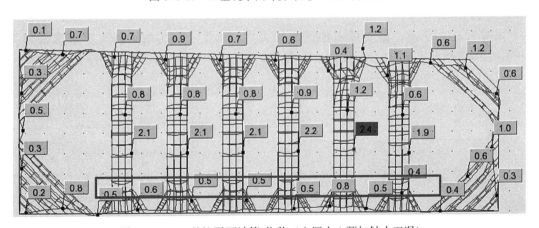

图 5.4-16　A 基坑平面计算-位移（土压力＋预加轴力工况）

同时，如图 5.4-18 所示，为钢支撑施加预加轴力后，基坑承受土压力作用时的围护变形值。从图中可以看出，钢支撑施加预加轴力后，围护变形最大值为 1.2cm，而其他部位位移均小于 1cm，说明施加预加轴力后较好地控制了基坑变形。特别是邻近地铁一侧（直边），基坑变形均小于 8mm，与图 5.4-14 相比，基坑变形得到很好的控制，对地铁影响较小，满足地铁安全运行要求。

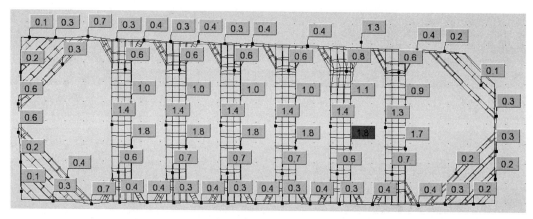

图 5.4-17　A 基坑平面计算-位移（预加轴力工况）

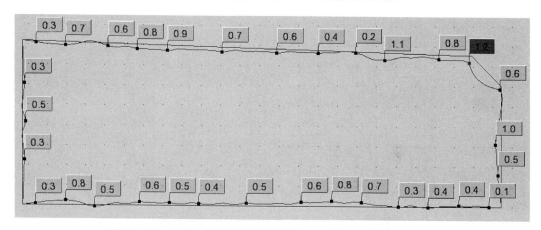

图 5.4-18　A 基坑平面计算-围护位移（土压力＋预加轴力工况）

　　如图 5.4-19 所示，钢支撑施加预加轴力后，承受土压力时，钢支撑最大轴力为 2466.37kN，略大于未施加预加轴力时的情况，如图 5.4-14 所示，受力仍然安全。

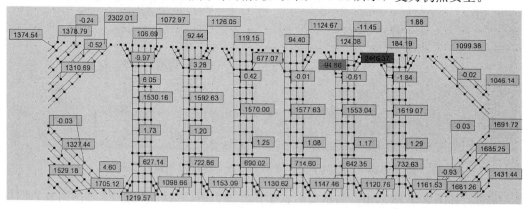

图 5.4-19　A 基坑平面计算-轴力（土压力＋预加轴力工况）

　　围檩所受弯矩和剪力如图 5.4-20 和图 5.4-21 所示。弯矩最大值为 8204.77kN·m，为斜角部位；其次为 1719.99kN·m，位置为出土口部位；其他部位弯矩均小于 1470kN·m。

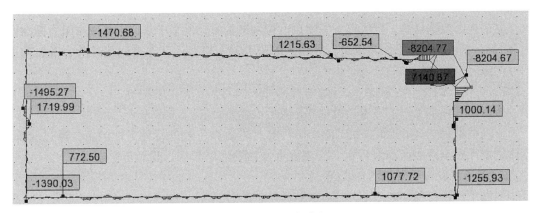

图 5.4-20 A 基坑弯矩

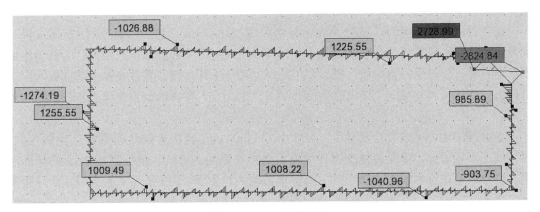

图 5.4-21 A 基坑剪力

同时，围檩所受剪力与弯矩分布类似，斜角部位最大：2824.84kN；出土口部位为 1274.19kN；其他部位均小于 1225.55kN。所以围檩分三部分进行配筋。

4. 支撑稳定性和截面强度验算

第二步中钢支撑轴力最大值为 2446kN，支撑托梁间距最大值为 10m，按《钢结构设计标准》GB 50017—2017 和本书"钢支撑构件设计"章节的内容，分别验算两组钢支撑的稳定性和截面强度：稳定性安全系数最小值为 1.02，截面强度安全系数最小值为 1.34，均满足要求。

5. 钢托梁稳定性和截面强度验算

托梁截面为 H300×300×15×10，考虑施工误差引起的对托梁的影响，取因此产生的对托梁竖向的分力为钢支撑轴力的 0.01 进行计算，按最大轴力的影响进行验算，即取值为 25kN，同时考虑支撑自重对托梁的集中力作用。通过验算，整体稳定性安全系数最小为 2.835，抗弯强度安全系数最小为 44.348，抗剪强度安全系数最小为 8.964，均满足要求。

6. 立柱桩承载力验算

立柱采用型钢直接插入土体，或借用工程桩，立柱间隔为 8～10m，支撑顶上严禁堆载和机械行走，故每根立柱承受的荷载为支撑的重量。以间隔 10m 考虑，每根立柱承受包括钢支撑、缀板在内的重量为：

$$G＝(4 根×10m×200kg/m＋4 根×10m×200kg/m)/2＝8000(kg)$$

立柱按摩擦桩计算，坑底以下主要以 9 层细砂为主，勘察中 9 层土桩侧摩阻力标准值为 70kPa，8000kN 为平面内单组支撑受到的最大轴力值，计算支撑荷载时考虑增加轴力的五十分之一。则立柱的长度至少为：

$$(8000×10×10-3+8000×0.02/2)/(70/2×(0.3+0.3+0.27+0.27))＝4.01(m)$$

故型钢立柱坑底以下埋深长度取 5m 满足承载力要求。

立柱桩截面为 H300×300×15×10，取上述计算荷载进行稳定性验算。通过验算，整体稳定性安全系数最小为 2.60，强度安全系数最小为 7.41，均满足要求。

7. 千斤顶设置及预加轴力取值

根据千斤顶行程、新型 H 型钢支撑节段间隙及支撑的压缩性，一般要求不大于 60m 长的新型 H 型钢支撑设置至少一个千斤顶，大于 60m 长的新型 H 型钢支撑设置至少两个千斤顶。

该项目中所有角撑均不超过 60m，每组对撑长约 80m，因此在每根角撑端部设置一个千斤顶，每根对撑两端分别设置一个千斤顶。由于对撑端部有双拼八字撑，为避免施加预加轴力时八字撑受拉力作用，所以每根对撑的两个千斤顶需设置在支撑中部靠近八字撑的部位。为使各组支撑间土压力有效传递到对撑上，在八字撑的每根支撑上各设置一个千斤顶。

支撑预加轴力一般取计算轴力的 0.5～0.8 倍，该项目由于基坑南侧临近地铁区间，对环境变形较敏感，因此各根支撑预加轴力取计算值的 0.5 倍。根据图 5.4-18 的计算结果，最终取角撑预加轴力为 700kN，对撑预加轴力为 1000kN（受八字撑影响，实际预加轴力为 1200kN），八字撑预加轴力为 500kN。

5.4.3 钢支撑施工

1. 测量放线

在钢支撑构件安装之前进行测量放线，主要确定托梁、围檩、钢支撑埋板以及围檩埋板等的标高以及沿钢支撑轴线从混凝土支撑边缘到围护桩边缘的距离，包括围檩到围护桩的距离、钢支撑到围檩的距离、钢支撑到混凝土支撑的距离等。

2. 立柱引孔

由于立柱的持力层砂层阻力大，直接插入 H 型钢立柱较困难，因此先用直径稍小于 H 型钢对角线长度的钻杆进行引孔，如图 5.4-22 所示。

3. 立柱安装

采用插拔机械将 H 型钢立柱插入预钻孔内，以控制标高，如图 5.4-23 所示。

4. 牛腿安装

先进行牛腿定位，如图 5.4-24 所示。然后在立柱上开孔，采用螺栓将牛腿和立柱连接，如图 5.4-25 所示。

5. 托梁安装

用螺栓将托梁与牛腿连接起来，如图 5.4-26 所示。

6. 杆件预拼装

在地面将部分构件预拼装，以减少空中作业量，如图 5.4-27 所示。

图 5.4-22　立柱引孔施工图

图 5.4-23　立柱施工图

图 5.4-24　牛腿定位图

图 5.4-25　牛腿安装图

图 5.4-26　托梁安装图

图 5.4-27　构件预拼装图

7. 水平连接杆安装

施工完轴向支撑后，安装水平连接杆，将单根支撑连接成组，如图 5.4-28 所示。

8. 施加预加轴力

拼装完成并调直后进行预加轴力施加，如图 5.4-29 所示。

9. 施工完成

施工完成后如图 5.4-30 所示。

5.4.4　监测分析

在施加预加轴力前，在从西往东的第二组对称上，每根支撑的腹板处安装了振弦式传感器，以监测支撑轴力情况。轴力监测结果如图 5.4-31 所示，根据监测结果可以发现，

图 5.4-28　水平连接杆拼装图

图 5.4-29　施加预加轴力图

第一次预加轴力施加超过 24h 后，轴力损失约为 30%～50%，进行轴力补偿后，轴力基本不再损失，可保持稳定，表明轴力补偿过程是很有必要的，与双拼新型 H 型钢支撑的实践经验相符；随着支撑临近区域基坑开挖，轴力不断上升，最终稳定在一个区间，对撑轴力监测结果与图 5.4-14 计算结果比较偏大，这是由于施加预加轴力在当年 4 月，开挖

图 5.4-30　施加完成图

完成结果为当年 6 月，气温有较大提升，从而对支撑轴力产生影响；外侧支撑轴力（经过斜撑修正后的值）损失小于中部支撑，这是由于外部支撑直接与八字撑相连，受其传力影响，轴力损失较小；外侧支撑轴力略大于中部支撑轴力，同样是由于八字撑影响，承受了各组支撑间的土压力，同时由于每组钢支撑内部自身变形协调影响后，导致外侧支撑仅略大于中部支撑的情况。

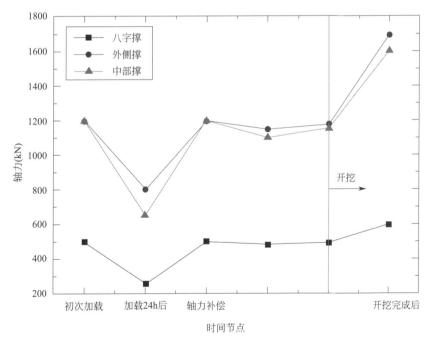

图 5.4-31　对撑轴力监测图

基坑水平变形如图 5.4-32 所示，施工期间监测结果不超过 5mm，表明以上 H 型钢支撑方案变形控制效果较好。

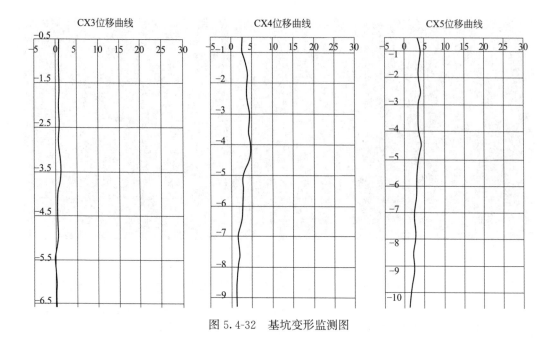

图 5.4-32　基坑变形监测图

5.4.5　结论

根据四拼新型 H 型钢支撑在该项目中的应用及研究可以得到如下结论：

（1）新型 H 型钢支撑可以实现大间距和大净距设计，四拼情况可实现每组支撑间距为 29m，净距为 19m。

（2）钢支撑的预加轴力对控制变形很重要，未施加预加轴力情况下的基坑位移约为施加轴力后位移的 2.5 倍。

（3）预加轴力初次施加 24h 后，其损失接近 50%，进行轴力补偿是必要的，更有利于基坑变形控制。

（4）四拼新型 H 型钢支撑体系，外侧支撑轴力损失略小于中部支撑，开挖后外侧支撑轴力略大于中部支撑。

（5）新型 H 型钢支撑环保效益好，一吨用钢量可节省约 $2m^3$ 混凝土，具有较好的经济和工期效益。

5.5　小结

本章基于 4 个现场工程实例，分别进行了钢-混凝土支撑体系、大角撑支撑体系、单道双层支撑体系、四拼新型 H 型钢支撑体系四种新型 H 型钢支撑体系的设计和应用。并通过现场监测，得到基坑开挖过程中的钢支撑轴力和基坑变形大小及变化规律。总结如下：

（1）针对四个工程，分别提出了新型 H 型钢支撑应用方案，其中新型 H 型钢支撑采用型钢 $H400 \times 400 \times 13 \times 21$，钢围檩采用双拼型钢 $H500 \times 500 \times 25 \times 25$，系杆采用双拼 32b 槽钢。

（2）分别根据钢支撑支护体系形式和位置，选取典型剖面进行了基坑围护计算，得到作用在支撑上的轴力，坑内侧土体抗力安全系数均大于 1，满足要求。

（3）有限元分析表明：

① 双拼 H 型钢在整个基坑开挖过程中，轴力基本一致，协同作用，连杆几乎不受力，不会因为错动产生剪切；基坑开挖过程中，钢支撑轴力随着开挖深度的增加而增大。

② 八字撑斜撑受力较小，和对撑一起承担围檩处传来的压力，减小围檩处的弯矩。八字撑中间连杆和其他处连杆不同，此处连杆有轴力，抵抗八字撑对主撑的挤压。

③ 大角撑体系，施加预加轴力后围檩角部受拉、中部受压，由角部往中部逐渐增大。初次施加预计轴力后钢支撑体系与土体间相互作用，体系变形协调完成后支撑轴力均减小，进一步说明实际工程中需要进行轴力补偿。

④ 大角撑体系与对撑体系不同，钢支撑的侧向约束构件会受较大侧向力，需要验算其焊缝抗剪强度是否满足要求。

⑤ 对比施加和不施加预加力的工况，施加预加力基坑位移明显小于不施加预加力，预加力的作用提前控制了基坑的位移，有利于周边环境的保护。

（4）现场监测结果表明：

① 随着施工的进行，钢支撑轴力有所波动，整体呈现出逐渐增加的趋势，同一监测断面，轴力基本一致；最终，各根钢支撑的最大轴力均小于轴力报警值 3000kN，满足规范和设计要求。

② 钢支撑轴力随着温度的升高而增大，钢支撑轴力增量与温度呈现线性关系。钢支撑温度每升高 1℃，其轴力增加约 20～60kN。

③ 钢支撑支护区域桩体水平位移和坑顶位移监测结果均小于混凝土支撑区域，监测结果和有限元计算结果一致，且满足设计和规范的要求，钢支撑施加了预应力，有效地控制了基坑的变形，性能优于混凝土支撑。

④ 现场极限荷载原位试验表明：在最大设计荷载压力下，钢支撑和混凝土支撑变形值均较小，在 5mm 以内，不影响钢支撑体系的安全受力性能。

（5）新型 H 型钢支撑与钢管撑作比较，表明新型 H 型钢支撑各方面效益均优于钢管支撑：

①新型 H 型钢支撑工期较钢管支撑节约 20%。

②新型 H 型钢支撑用钢量比钢管支撑少 20%。

③新型 H 型钢支撑控制基坑变形的能力比钢管支撑强。

（6）新型 H 型钢支撑可以实现大间距和大净距设计，四拼情况可实现每组支撑间间距为 29m，净距为 19m。

（7）通过 4 个工程的应用与分析，验证了新型 H 型钢支撑体系的安全性、经济性和设计理论的可靠。新型 H 型钢支撑丰富了国内基坑内支撑的形式，为基坑的设计和施工提供更多的选择和借鉴，可产生巨大的社会和经济效益。

第6章

结论

通过对基坑补偿式装配式 H 型钢结构内支撑的力学特性、设计方法、施工方法研究以及实际工程的应用与分析，可得到以下几个方面的结论：

1. 通过对托梁刚度和构件半刚性连接节点对计算长度影响的研究，建立了托梁刚度、半刚性连接节点与钢支撑计算长度之间的关系，填补了新型 H 型钢支撑设计理论的空白。通过研究立柱隆起、温度荷载、施工误差等对钢支撑受力性能的影响，阐明了各影响因素与钢支撑内力间的内在联系，完善了设计理论。主要结论有：

（1）通过对托梁刚度对计算长度影响的研究和托梁刚度影响的研究表明，钢支撑计算长度，当弹簧刚度满足 $K = \dfrac{4N_{cr}}{L}$ 关系时，钢支撑计算长度取单跨长度值。

（2）通过对构件半刚性连接节点对计算长度影响的研究表明，半刚性节点对支撑计算长度有较大影响，节点刚度越大，计算长度越接近于 1 倍杆件长度，当支撑接头刚度 m 等于 20 时，支撑计算长度小于 1.05。同时，接头位置对支撑计算长度也有较大影响，接头位置越接近于支撑中部，支撑计算长度越大，对于同一节点刚度，接头位置位于支撑中点处，支撑计算长度最大。

（3）通过对钢支撑组合体系平面稳定性的研究表明，组合体系连杆位置对支撑计算长度有较大影响，连杆均匀布置时（$\alpha = 2$），支撑计算长度最小。在连杆位置确定的情况下，连杆长度越小，连杆线刚度越大，支撑计算长度越小。当连杆均匀布置时，支撑计算长度小于 0.4（半跨钢支撑）。

（4）通过对立柱隆起对支撑受力性能影响的研究表明，立柱隆起时，钢支撑会产生附加弯矩，可采用结构力学的力法求解。

（5）通过对温度变化对支撑受力性能影响的研究表明，温度变化引起的钢支撑轴力变化值之间存在 $N = \dfrac{\alpha \Delta t L}{\dfrac{(1+\alpha \Delta t)L}{EA} + \dfrac{k_1 + k_2}{k_1 k_2}}$ 的等式关系，表明单位温度轴力变化量与支撑长度和土弹簧刚度有关，支撑长度越大，土弹簧刚度越大，单位温度轴力变化量越大。

（6）通过对安装误差对支撑受力性能影响的研究表明，轴力在安装误差上产生的次生弯矩，当相邻误差交错分布于杆轴线两侧时达到最大，因此安装时要尽量避免这种情况。安装误差产生的次生弯矩与轴力大小和托梁刚度有关，轴力越大、托梁刚度越小，产生的次生弯矩越大。

（7）通过对轴力补偿对支撑力学性能影响的研究表明，相同土层条件下，预加轴力越大，钢支撑刚度提高越大，基坑变形越小。预加轴力相同、土层不同时，钢支撑刚度提高的程度不同，砂土层中提高程度最大。

2. 通过对钢支撑体系整体分析方法、钢支撑节点设计、钢支撑附属结构设计的研究，形成一套适用于新型 H 型钢支撑体系的设计方法，填补了新型 H 型钢支撑体系国内设计方法的空白，为新型 H 型钢支撑体系的工程应用打下了坚实的基础。主要结论有：

（1）通过对被动土、双向接头受力特性的研究表明，在整体分析方法中，被动土与围护结构的相互作用可采用单向弹簧进行模拟，双向接头可以采用相容节点进行模拟。

（2）通过对钢立柱与钢支撑之间相互作用关系的研究表明，整体分析方法中，钢立柱与托梁对钢支撑的侧向约束作用可以用弹簧进行模拟。

（3）通过对千斤顶预加轴力施加过程的本质进行研究表明，整体分析方法中，千斤顶的预加轴力可以通过公式 $F_终 = F_初 \dfrac{k_1 k_2 L}{l + EAk_2 + EAk_1}$ 的轴力值关系，按照等效温度荷载或等效膨胀变形进行模拟。

（4）结合新型 H 型钢支撑实际的工作条件，对于气温变化产生的轴力 N_T、基坑开挖立柱隆起产生的弯矩 M_R 及支撑轴力在支撑施工误差上产生的次生弯矩 M_C，以表格的形式给出了具体数值，可用于支撑构件设计。

（5）参考钢结构规范压弯构件公式，给出新型 H 型钢支撑构件强度和稳定性计算公式及构件的计算长度。对于有接头的钢支撑计算长度应乘以 1.1 以考虑其不利影响。

（6）基于支撑接头半刚性对支撑计算长度影响的研究成果，提出能满足接头刚度需要的支撑连接盖板的合理厚度。同时提出新型 H 型钢支撑各节点强度的验算方法。

（7）基于托梁刚度对钢支撑计算长度影响的研究成果，在满足钢支撑承载力的前提下，推导了托梁截面惯性矩随托梁跨度变化的理论公式和立柱截面惯性矩随立柱高度变化的理论公式。并基于新型 H 型钢支撑的具体设计参数，以表格形式给出了不同托梁刚度下托梁截面惯性矩的数值以及不同立柱高度下立柱截面惯性矩的数值。

3. 通过对新型 H 型钢支撑的生产制造技术、施工技术、轴力补偿技术、内力监测技术进行研究，提出了钢支撑生产制造、施工及轴力补偿的要求，并形成一套生产、施工、监测的技术。主要结论有：

（1）通过对生产制造技术的研究，得到新型 H 型钢支撑的生产流程和精度要求，保证支撑构件的加工质量。

（2）通过对钢支撑体系组成和支撑组合形式的研究，提出了一套新型 H 型钢支撑体系的标准化安装和施工流程，保证新型 H 型钢支撑的施工质量。

（3）通过对轴力补偿施工技术的研究，提出了预加轴力施加及补偿的要求和施工技术。千斤顶端部不宜直接与围檩接触，且需要做好防雨水和防机械碰撞措施。

（4）建立了一套适合新型 H 型钢支撑的内力实时监测系统，实时监测钢支撑轴力大小和变化规律，保证钢支撑支护体系的安全和稳定。

4. 基于四个现场工程实例，分别进行了钢-混凝土支撑体系、大角撑支撑体系、单道双层支撑体系三种新型 H 型钢支撑体系的设计和应用。并通过现场监测，得到基坑开挖过程中的钢支撑轴力和基坑变形大小和变化规律。总结如下：

（1）针对四个工程，分别提出了新型 H 型钢支撑应用方案，其中新型 H 型钢支撑采用型钢 H400×400×13×21，钢围檩采用双拼型钢 H500×500×25×25，系杆采用双拼 32b 槽钢。

（2）分别根据钢支撑支护体系形式和位置，选取典型剖面进行了基坑围护计算，得到作用在支撑上的轴力，坑内侧土体抗力安全系数均大于 1，满足要求。

（3）有限元分析表明：

1）双拼 H 型钢在整个基坑开挖过程，轴力基本一致，协同作用，连杆几乎不受力，不会因为错动产生剪切；基坑开挖的过程中，钢支撑轴力随着开挖深度的增加而增大。

2）八字撑斜撑受力较小，和对撑一起承担围檩处传来的压力，减小围檩处的弯矩。八字撑中间连杆和其他处连杆不同，此处连杆有轴力，抵抗八字撑对主撑的挤压。

3）大角撑体系，施加预加轴力后围檩角部受拉、中部受压，由角部往中部逐渐增大。初次施加预计轴力后钢支撑体系与土体间相互作用，体系变形协调完成后支撑轴力均减小，进一步说明实际工程中需要进行轴力补偿。

4）大角撑体系与对撑体系不同，钢支撑的侧向约束构件会受较大侧向力，需要验算其焊缝抗剪强度是否满足要求。

5）对比施加和不施加预加力的工况，施加预加力基坑位移明显小于不施加预加力，预加力的作用提前控制了基坑的位移，有利于周边环境的保护。

（4）现场监测结果表明：

1）随着施工的进行，钢支撑轴力有所波动，整体呈现出逐渐增加的趋势，同一监测断面，轴力基本一致；最终，各根钢支撑的最大轴力均小于轴力报警值 3000kN，满足规范和设计要求。

2）钢支撑轴力随着温度的升高而增大，钢支撑轴力增量与温度呈现线性关系。钢支撑温度每升高 1 摄氏度，其轴力增加约 20～60kN。

3）钢支撑支护区域桩体水平位移和坑顶位移监测结果均小于混凝土支撑区域，监测结果和有限元计算结果一致，且满足设计和规范的要求，钢支撑施加了预应力，有效地控制了基坑的变形，性能优于混凝土支撑。

4）现场极限荷载原位试验表明：在最大设计荷载压力下，钢支撑和混凝土支撑变形值均较小，在 5mm 以内，不影响钢支撑体系的安全受力性能。

（5）新型 H 型钢支撑与钢管撑作比较，表明新型 H 型钢支撑各方面效益均优于钢管支撑：

1）新型 H 型钢支撑工期较钢管支撑节约 20%。

2）新型 H 型钢支撑用钢量比钢管支撑少 20%。

3）新型 H 型钢支撑控制基坑变形的能力比钢管支撑强。

（6）通过四个工程的应用与分析，验证了新型 H 型钢支撑体系的安全性、经济性和设计理论的可靠。新型 H 型钢支撑丰富了国内基坑内支撑的形式，为基坑的设计和施工提供更多的选择和借鉴，可产生巨大的社会和经济效益。

参 考 文 献

[1] 陈成，宋建学．地铁车站基坑钢管内支撑温度效应试验研究［J］．四川建筑科学研究，2013，39（1）：106-109.

[2] 艾晓辅，付涛，刘永亮，等．排桩＋钢支撑支护结构位移和弯矩分析研究［J］．施工技术，2013，7（21）：53-57.

[3] 陈春红，吴明明，彭加强．深基坑钢支撑预加轴力计算取值的影响分析［J］．浙江建筑，2013，30（5）：43-25.

[4] 陈芳．深基坑内支撑等效刚度及嵌岩支护桩嵌岩深度计算方法研究［D］．青岛：中国海洋大学，2009.

[5] 陈锋，艾英钵．基坑钢支撑温度应力的弹性热力学解答［J］．科学技术与工程，2013，13（1）：108-109.

[6] 陈浩生．内支撑支护体系在北京国贸二期深基坑工程中的应用［J］．岩土工程技术，1997（4）：47-50.

[7] 陈绍藩．钢结构稳定设计指南［M］．北京：中国建筑工业出版社，2004.

[8] 城市轨道交通工程监测技术规范：GB50911-2013［S］．北京：中国建筑工业出版社，2013.

[9] 崔自治．深基坑支撑效应［J］．宁夏大学学报（自然版），2006，27（1）：39-42.

[10] 范炳杰．地铁车站深基坑支撑体系参数优化分析［D］．上海：同济大学，2008.

[11] 冯紫良，胡波．基坑工程钢支撑系统的横向承载能力分析［J］．结构工程师，2002（3）：37-41.

[12] 宓佩明，王鹤林，段创峰．基坑可控式液压支撑的研制试验［J］．城市道桥与防洪，2008（2）：61-64.

[13] Goldberg D T，Jaworski W E，Gordon M D. lateral support systems and underpinning. Volume 1: Design and Construction［J］. Construction Management，1976.

[14] Goldberg D T，Jaworski W E，Gordon M D. Lateral support systems and underpinning. Volume 2. Design Fundamentals［J］. Construction，1976.

[15] Goldberg D T，Jaworski W E，Gordon M D. Lateral support systems and underpinning. Volume 3: Construction Methods［J］. Costs，1976.

[16] 顾超．自动补偿液压支撑系统在深基坑开挖风险中的应用［J］．中国市政工程，2014（6）：57-60.

[17] 顾国明，陆云，王正平，等．深基坑钢支撑轴力实时补偿与监控系统设计［J］．建筑机械化，2010，31（11）：67-69.

[18] 郭海，张飞跃，李天隆，等．近海区深基坑预留反压土＋水平钢支撑的基坑支护施工［J］．建筑施工，2017，39（9）．

[19] 郭曼莉．路桥工程施工中基坑钢支撑围护技术的应用探析［J］．科技传播，2014（15）：98-99.

[20] 韩国辉．基坑钢支撑围护技术在路桥施工中的应用［J］．工程建设与设计，2017（19）：140-142.

[21] 郝森．基坑支护监测数据分析及支撑结构优化设计研究［D］．北京：中国建筑科学研究院，2011.

[22] 何文飞．内支撑密排桩支护结构优化设计［J］．山西建筑，2013，16（18）：72-73.

[23] 洪德海．钢支撑预加力对围护结构内力的影响分析［J］．铁道勘察，2010，36（2）：66-68.

[24] 胡立海．钢支撑轴力自动补偿系统在基坑围护工程中的应用［J］．建筑施工，2013，35（8）：693-694.

[25] 胡蒙达. 地下工程基坑围护结构 Φ609 钢支撑受变温 Tr 条件下的热应力计算 [J]. 地下工程与隧道, 1998 (1): 13-15.

[26] 惠渊峰. 某地铁车站深基坑钢支撑温度应力计算与分析 [J]. 建筑科学, 2012, 28 (9): 101-103.

[27] 贾坚, 谢小林, 罗发扬, 等. 控制深基坑变形的支撑轴力伺服系统 [J]. 上海交通大学学报, 2009 (10): 1589-1594.

[28] 金雪莲, 樊有维, 李春忠, 等. 带撑式基坑支护结构变形影响因素分析 [J]. 岩石力学与工程学报, 2007, 26 (z1): 3242-3249.

[29] 孔禹, 汤继新, 杜培贞, 等. 地铁基坑施工期钢支撑轴力监测优化研究 [J]. 城市轨道交通研究, 2017 (10): 106-111.

[30] 李波. 钢管支撑承载力分析及其在基坑围护中的应用 [D]. 北京: 北京工业大学, 2010.

[31] 李海波. 基坑钢支撑围护技术在路桥工程施工中的应用分析 [J]. 企业技术开发, 2014 (21): 66-67.

[32] 李宏伟, 王国欣. 某地铁站深基坑坍塌事故原因分析与建议 [J]. 施工技术, 2010, 39 (3): 56-58.

[33] 李友友. 钢支撑预加轴力对基坑形变影响分析及其优化设计 [D]. 北京: 中国地质大学, 2016.

[34] 李振宇. 环形支护深基坑工程的现场试验研究与有限元分析 [D]. 太原: 太原理工大学, 2016.

[35] 李自伟, 刘春, 孟秀敬. 某基坑排桩加单层支撑支护结构的数值分析 [J]. 岩土工程技术, 2015, 3 (14): 149-152.

[36] 刘超. 钢支撑预加轴力对地铁深基坑支护结构的影响分析 [J]. 黑龙江科技信息, 2016, 8 (26): 197.

[37] 刘岱熹. 地铁深基坑开挖围护结构变形监测与数值模拟研究 [D]. 辽宁: 辽宁科技大学, 2016.

[38] 刘发前, 卢永成. 预应力装配式鱼腹梁内支撑的刚度分析 [J]. 城市道桥与防洪, 2016 (2).

[39] 刘静, 谢腾, 张金鹏. 钢支撑在基坑支护过程中的应力变化分析 [J]. 天津市政工程, 2006, (68): 17-18.

[40] 刘树亚, 潘晓明, 欧阳蓉, 等. 用钢筋混凝土支撑代替钢支撑的深基坑支护特性研究 [J]. 岩土工程学报, 2012, 34 (S1): 309-314.

[41] 刘小丽, 陈芳, 贾永刚. 深基坑内支撑等效刚度数值计算影响因素分析 [J]. 中国海洋大学学报 (自然科学版), 2009, 39 (2): 275-280.

[42] 刘州. 方形基坑围护结构变形监测及数值模拟 [D]. 武汉: 湖北工业大学, 2016.

[43] 陆培毅, 韩丽君, 于勇. 基坑支护支撑温度应力的有限元分析 [J]. 岩土力学, 2008, 29 (5): 1290-1294.

[44] Mana A I, Clough G W. Prediction of movements for braced cuts in clay [J]. Geotechnical Special Publication, 1981, 107 (118): 1840-1858.

[45] 马文娟. 基于人工神经网络的深基坑钢支撑轴力研究 [D]. 青岛: 中国海洋大学, 2012.

[46] 梅若非. 钢支撑与混凝土支撑效果实例分析 [D]. 武汉: 武汉工程大学, 2016.

[47] O'Rourke T D. Ground movements caused by braced excavations [J]. Journal of the Geotechnical Engineering Division, 1981, 107 (9): 1159-1178.

[48] 欧阳平. 支撑轴力与地下水位、气温的灰色关联分析 [J]. 城市勘测, 2009 (4): 155-157.

[49] Park J S, Joo Y S, Kim N K. New Earth Retention System with Prestressed Wales in an Urban Excavation [J]. Journal of Geotechnical & Geoenvironmental Engineering, 2009, 135 (11): 1596-1604.

[50] 乔稳庆. 深基坑排桩支护结构中钢支撑性能研究 [D]. 南宁: 广西大学, 2014.

［51］ 任建喜，朱元伟．黄土地区地铁深基坑围护结构变形特性的 FLAC 软件模拟分析［J］．城市轨道
交通研究，2014，17（9）：96-99.

［52］ 施晋．基于 ANSYS 多支点排桩围护结构的计算模拟［D］．合肥：合肥工业大学，2006.

［53］ 史世雍．软土地区深基坑支护体系安全性状动态分析［D］．上海：同济大学，2007.

［54］ 宋培亚，欧阳东升．基坑钢支撑围护技术在路桥施工中的应用［J］．技术与市场，2014（4）：
102-103.

［55］ 唐仲祥，孙兴春，郭随华，等．地下结构后加内支撑技术在深基坑支护中的应用［J］．施工技
术，2015，44（13）：34-37.

［56］ 王超之．地铁车站深基坑钢支撑体系施工技术［J］．城市建设理论研究：电子版，2017（6）：
217-219.

［57］ 王光明．地铁深基坑钢支撑内力影响因素分析［D］．北京：北京市市政工程研究院，2005.

［58］ 王光明，萧岩，卢常亘．深基坑钢支撑施加预加轴力的合理数值分析［J］．市政技术，2006，24
（5）：336-339.

［59］ 王雪晨．钢支撑轴力自适应实时补偿与监控系统在世纪大都会东方汇广场项目的应用［J］．工程
建设，2017，49（4）：16-18.

［60］ 武进广，王彦霞，杨有海．杭州市秋涛路地铁车站深基坑钢支撑轴力监测与分析［J］．铁道建
筑，2013（10）：51-54.

［61］ 吴林萍，魏小时，黄丽芳．基于遗传算法的排桩-钢支撑支护结构优化设计［J］．建筑施工，
2011，5（24）：356-358.

［62］ 吴小涛．某地下连续墙深基坑支护结构中钢支撑性能研究［D］．南宁：广西大学，2014.

［63］ 徐益根，余运发．基坑钢支撑围护技术在路桥施工中的应用［J］．江西建材，2014（20）：
112-113.

［64］ 薛丽影，杨文生，李荣年．深基坑工程事故原因的分析与探讨［J］．岩土工程学报，2013，35
（s1）：468-473.

［65］ 杨学林．基坑工程设计、施工和监测中应关注的若干问题［J］．岩石力学与工程学报，2012，31
（11）：2327-2333.

［66］ 姚燕明，周顺华，孙巍，等．支撑刚度及预加轴力对基坑变形和内力的影响［J］．地下空间与工
程学报，2003，23（4）：401-404.

［67］ 叶文林．钻孔灌注桩、钢支撑基坑支护与高压旋喷止水帷幕的组合施工应用［J］．门窗，2017
（6）：225-225.

［68］ 由海亮．地铁车站基坑内撑式支护结构内力与变形分析［D］．北京：北京工业大学，2007.

［69］ 张衡．装配式预应力鱼腹梁钢结构支撑对深基坑变形的控制技术与方法研究［D］．合肥：安徽
理工大学，2014.

［70］ 张亮，郭小刚，周靖，等．带水平分布钢支撑 RC 框架结构的抗连续倒塌机理分析［J］．湘潭大
学自然科学学报，2012，34（4）：35-42.

［71］ 张孟玫，胡义，衡朝阳．地铁深基坑钢支撑结构受力变形分析［J］．北京石油化工学院学报，
2017（4）：6-9.

［72］ 张明聚，郭雪源，马栋，等．基坑工程装配式钢管混凝土内支撑体系设计方法［J］．北京工业大
学学报，2016，42（12）：88-96.

［73］ 张明聚，谢小春，吴立．锚索与钢支撑混合支撑体系内力监测分析［J］．岩土工程学报，2010
（s1）：483-488.

［74］ 张明聚，苑媛，王锡军．基坑工程钢支撑 BFW 活络端在偏心荷载作用下的力学性能［J］．北京
工业大学学报，2018（2）.

［75］ 张明聚，苑媛，杨萌，等 . 基坑工程钢支撑 BFW 活络端力学性能试验研究［J］. 铁道建筑技术，2017（11）：1-4.

［76］ 张明聚，由海亮，杜修力，等 . 北京地铁某车站明挖基坑施工监测分析［J］. 北京工业大学学报，2006，10（32）：874-878.

［77］ 张明聚，赵鸿超 . 基坑工程内支撑抱箍式活络头力学性能试验研究［J］. 岩土工程学报，2014，36（s2）：418-423.

［78］ 张明聚，赵鸿超，郭雪源，等 . 基坑工程内支撑抱箍式活络头试验研究［J］. 铁道建筑技术，2014（12）：27-32.

［79］ 张旷成，李继民 . 杭州地铁湘湖站"08.11.15"基坑坍塌事故分析［J］. 岩土工程学报，2010，32（增刊 1）：338-342.

［80］ 张如林，徐奴文 . 基于 PLAXIS 的深基坑支护设计的数值模拟［J］. 结构工程师，2010，26（2）：131-136.

［81］ 张忠苗，赵玉勃，吴世明，等 . 过江隧道深基坑中 SMW 工法加钢支撑围护结构现场监测分析［J］. 岩石力学与工程学报，2010，29（6）：1270-1278.

［82］ 郑强华 . 地铁车站明挖深基坑稳定性及变形控制研究［D］. 重庆：重庆大学，2016.

［83］ 中国工程建设标准化协会组织 . 钢结构设计规范：GB50017-2003［S］. 北京：中国建筑工业出版社，2006.

［84］ 周华，李永雄 . 排桩支护结构内支撑优化设计［J］. 铁道建筑技术，2014，7（32）：14-18.

［85］ 周善荣 . 装配式预应力鱼腹梁钢支撑在深基坑支护中的应用［J］. 城市建筑，2013（24）：82-82.

［86］ 朱海军，李继承，张晋华，等 . 水平钢支撑对双排桩受力变形影响的分析［J］. 建筑施工，2016，38（5）：538-540.